改訂新版

日本の農と食を学ぶ

初級編

日本農業検定 ❸ 級対応

野菜と種子

シソ

シソ

シソの種子

レタス

レタス

レタスの種子

カブ

カブ

カブの種子

（種子およびレタスの写真提供：タキイ種苗株式会社）

主な園芸用土

赤玉土

バーミキュライト

パーライト

腐葉土

はじめに

　現在、我が国では農業への関心が高まっております。

　人々の食の安全・安心といった面はもちろんのこと、文化的な側面や産業的な側面からも農業は私たちにとって重要なものとして意識されるようになっています。

　また、学校教育の現場でも、「栽培」に関する授業が行われ、社会では農業分野で活躍する企業・団体も増えています。このような背景から「農業」に対する理解を一層促進するために、まず「農」に関わる基礎的な知識を習得出来る機会を提供していくことが極めて重要だと考え、これによって「農業」に対する理解を深め、やがて多くの皆さんに「良き農業の理解者・応援団」になっていただきたいとの思いで、「日本農業検定」を創設しました。

　この検定では、「農業全般」「環境」「食」「栽培」の4つの分野を設け、「農」の基礎的な知識を段階的・継続的に習得できるようになっています。

　初級（3級）では「農」の入門レベルを想定しており、栽培を経験したことのない方、これから栽培を学ぼうとする方、農業について学んでみたいと考える方、学校で学んだことの振り返りや職場で必要な知識として習得したい方などを対象としております。

　このテキストで「農業」に関する基礎的な知識を習得し、日本農業検定初級（3級）に合格していただけることを心から願っております。

2024年4月
日本農業検定 事務局

日本農業検定3級実施要領

1. 出題範囲
このテキストより出題されます。

2. 受検資格
特にありません。どなたでも受検できます。

3. 問題数・解答時間・解答方法
検定問題数：「農業全般」「環境」「食」「栽培」の4分野から50問
解答時間：50分
解答方法：3者択一または4者択一方式にてパソコンまたはマークシートによる解答方法

4. 会場・試験日・受検料
※詳細は日本農業検定のホームページでご確認ください（https://nou-ken.jp）

種別	会場	検定日	受検料（2024年度現在）
個人受検	CBT会場	1月上旬～中旬	4,400円
団体受検（学校）	実施団体が準備・提供した会場	1月上旬～中旬	・小中学生　1,600円 ・高校生　1,800円 ・大学・専門学校　2,300円 ・特別支援学校（小中学部）　1,600円 　　　　　　　　（高等部）　1,800円
団体受検（その他団体）	実施団体が準備・提供した会場	1月上旬～中旬	3,550円

5. 合格基準
正答率60％以上。問題の難易度により若干調整を行う場合があります。

6. 申込期間
日本農業検定ホームページでご確認ください。

7. 申込方法
日本農業検定ホームページから申し込む。

8. 検定結果
試験実施年度の2月末に結果を郵送します。

9. 実施主体
一般社団法人　全国農協観光協会　（日本農業検定事務局）
〒101-0021　東京都千代田区外神田1-16-8　GEEKS AKIHABARA 4階
TEL：03-5297-0325　FAX：03-5297-0260　ホームページ：https://nou-ken.jp

目　次

はじめに …………………………………… 4

日本農業検定3級実施要領 ………………… 5

1. 農業全般分野（入門）

①農業のたいせつな役割 ………………… 8
②農業・農村の現状 ……………………… 9
③食料自給率は大丈夫？ ………………… 10
④荒廃農地の増加と対策 ………………… 11
⑤農業の新しい取り組み ………………… 12

2. 環境分野（入門）

①地球温暖化の原因と影響 ……………… 14
②自然環境と農業のかかわり …………… 16
③地産地消の取り組み …………………… 17
④都市農業の役割 ………………………… 18

3. 食分野（入門）

①肥満と食習慣 …………………………… 20
②食生活と必要な栄養素 ………………… 21
③健康な食生活を支える日本の食文化 … 22
④和食の基本 ……………………………… 23
⑤旬を楽しむ食生活 ……………………… 24
⑥伝統的発酵食品 ………………………… 25
⑦食品選び・表示の見方 ………………… 26
⑧和食と箸 ………………………………… 27
⑨盛り付けの基本 ………………………… 28
⑩食の安全管理 …………………………… 29
［コラム］食品の保存 …………………… 30

4. 栽培分野（1）

①種子と発芽の条件 ……………………… 32
②野菜の生育に適した環境 ……………… 33
③葉の気孔と蒸散作用 …………………… 34
④光合成と呼吸作用 ……………………… 35
⑤作物が育つための養分の補給 ………… 36
⑥野菜の病気と防除 ……………………… 38
⑦野菜の害虫と防除 ……………………… 39
⑧プランター栽培の基本（その1）……… 40
⑨プランター栽培の基本（その2）……… 42

5. 栽培分野（2）

イネ［穀類］……………………………… 44
コマツナ［葉茎菜類］…………………… 46
レタス［葉茎菜類］……………………… 48
シソ［葉菜類］…………………………… 50
カブ［根菜類］…………………………… 52
ジャガイモ［いも類］…………………… 54
エダマメ［豆類］………………………… 56
イチゴ［果実的野菜］…………………… 58

農業全般分野（入門）

① 農業のたいせつな役割

農業は生活を支える基礎産業

　農業は太陽のエネルギーと土地の力を利用して作物を栽培したり、家畜を育てる産業ですが、広い意味では農産物の加工や林業も含んでいます。

　農業の基本的な役割は、まず第一に私たちの命を支える食料生産です。主食の米や野菜、豆類、果物、茶、畜産物などの多くの農産物がつくられています。

　また農業は、綿や絹、麻などの衣料の素材や、木材などの住居の素材、植物由来の医薬品の原料の生産、さらには家畜の排せつ物や、森林の間伐材、トウモロコシなどのバイオマス（化石燃料を除く再生可能な生物由来の資源）を利用したエネルギー生産にもかかわっています（図1）。

図1　農業は生活を支える基礎産業

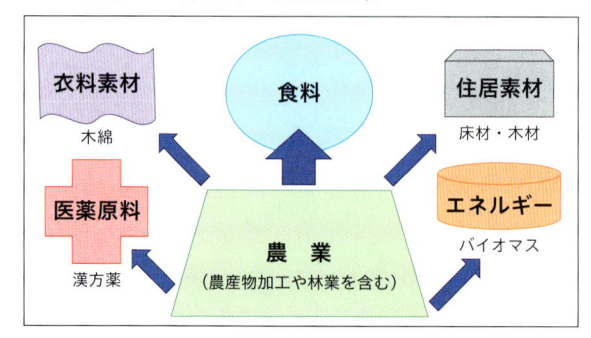

農業・農村がもついろいろな働き

　農業と農村は農産物などの生産以外にも多くの恵みをもたらしています（図2）。

　田畑の土は雨水を一時的に蓄える受け皿となって急激な流出を防ぐ"洪水防止"、またその水が地下に浸透していき"地下水の育成"をし、作物を育てることによって表土が流出しないようにして"土壌の流出防止"に役立っています。また、田畑には魚や昆虫、カエル、ヘビ、さらにそれを捕食する鳥などの生き物が育ち"生物多様性（→2章［生態系と生物多様性］参照）"を保全する働きをしています。

　さらに、田畑や農家の家屋、川や里山などが作る"美しい農村の風景"は心をなごませてくれます。また、農作業と密接に関係している様々な祭りなどの伝統行事が守られ、受け継がれています。

　さらに農業の大切さを理解するために農家が先生となって米づくりや野菜づくりなどを体験させる"食農体験活動"の場となっています。

図2　農業・農村のいろいろな働き

1 農産物等の生産
2 田畑が小さなダムの役割をする　洪水を防ぎ地下水を作り出す
3 土砂くずれや土の流出を防ぐ　作物が育っている田畑は、土砂くずれや土の流出を防ぐ
4 生きものを育てる　いろいろな生きものが住む場所になる
5 美しい風景をつくる　農村独自の風景をつくる
6 伝統文化を守る　お祭りや行事が受け継がれている
7 農業理解の場になる　農家が先生となった食農体験で農業の大切さを学ぶことができる

② 農業・農村の現状

基幹的農業従事者と新規就農者数の推移

　過去1年間に自営農業に主として従事した世帯員のことを農業就業人口といい、農業就業人口のうち、ふだん仕事としておもに自営農業に従事している人のことを基幹的農業従事者といいます。

　2000年には240万人だった基幹的農業従事者は2022年にはおよそ123万人弱となり半減しました。同じ期間の平均年齢を比べると62.2歳から68.4歳へと6.2歳高くなっています。また65歳以上の割合は全体の51%から70%と高齢化の割合が進んでいます。

　新規就農者数❶は2000年から2007年までは7万人を越えていましたが、その後は6万人〜5万人台で推移し、2022年には4.6万人と5万人を切っています。また、49歳以下の新規就農者は2万人前後で続いてきましたが、2022年には1.7万人に減っています。就農者のさらなる増加が望まれています。

図1　年齢別基幹的農業従事者数
（資料：農林水産省「農林業センサス」）

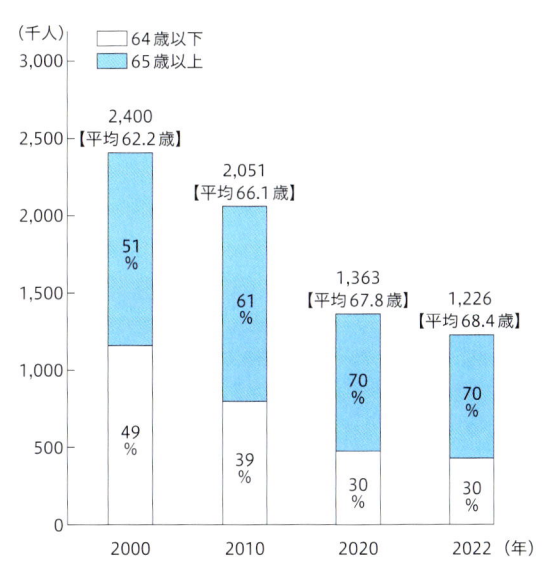

年	基幹的農業従事者数（千人）	平均年齢	64歳以下	65歳以上
2000	2,400	62.2歳	49%	51%
2010	2,051	66.1歳	39%	61%
2020	1,363	67.8歳	30%	70%
2022	1,226	68.4歳	30%	70%

表1　新規就農者数の推移

年	単位：千人
2007年	73.5
2008年	60.0
2009年	66.8
2010年	54.6
2011年	58.1
2012年	56.5
2013年	50.8
2014年	57.7
2015年	65.0
2016年	60.2
2017年	55.7
2018年	55.8
2019年	55.9
2020年	53.7
2021年	52.3
2022年	45.8

「直売所」が農家の活躍の場に

　これまでの市場出荷中心の流通の仕組みを大きく変えて地産地消（→2章［地産地消の取り組み］参照）の多品目販売の場になっているのが「農産物直売所」です。2021年度は全国の農産物直売所の年間総販売金額は1.5兆円弱となっています。（2021年度「6次産業化総合調査」）。

　直売所は農家にとっては少量の農産物でも出荷でき、自分で値段が決められ、市場出荷よりも収入が多くなるメリットがあります。さらに消費者の反応も直接聞けるので、農家のやりがいにつながっています。

　また、店頭で産地農家ならではの食べ方を紹介して消費者との交流が生まれ、農家の活躍の場になっています。

---

❶新規就農者とは農家の家族で新たに自分の家の農業をするようになった者、新たに農業法人などに雇われた者、新たに自己資金で農業を始めた者をいう。

③ 食料自給率は大丈夫？

食料自給率 38% の日本

　食料自給率とは、供給される食べ物全体のうちで、どのくらい国内でつくられているかを示す指標のことです。

　図1は食べ物のカロリーを基準として各国の食料自給率を比較したものです。

　日本の2021年度の食料自給率は、主要先進国のなかで最低レベルの38%です。日本の食べ物のうち、国内でつくられているのはわずか38%で、残りの62%は外国からの輸入にたよっているということになります。輸入相手国の気象災害などにより輸入食料の供給が途絶えれば、飢えに苦しむ事態も起こることを考えておかねばなりません。これを回避するには食料自給率を高めていく努力とともに、食料の備蓄を多くしたり、輸入相手国が片寄らないようにすることも大切なことです。

図1　主要先進国の食料自給率（2021年度 カロリーベース）

カナダ 233、オーストラリア 169（2019年）、フランス 131、アメリカ 121、ドイツ 84、イギリス 70、イタリア 58、スイス 50、日本 38（2021年度）

（資料：農林水産省「令和4年度食料・農業・農村白書」より作成）

身近な食べ物の自給率は？

　私たち日本人の主食である米の自給率はほぼ100%ですが、和食のみそ汁などは自給率が低くなります。みそや豆腐・納豆などの原料となる大豆のほとんどを輸入にたよっているからです。小麦も15%（2022年度概算）と低いのが現状です。1962年の米の消費量が1人年間118kgもあり、食料自給率は76%でした。ところが2022年度の米の消費量は概算で50.9kgで半分以下になっており、食料自給率も38%に落ち込んでいます。

図2　身近な食材の自給率

- 小麦15%（パン、パスタ、うどんなどの原料）
- ジャガイモ65%
- 果物39%
- 野菜79%
- 牛肉39%　豚肉49%　※飼料の自給率を勘案しない場合
- 魚56%（食用）　※飼料・肥料用の物を除く
- 大豆6%（納豆、みそ、豆腐、ドレッシングなどの原料）
- 米99%

（資料：農林水産省「2022年度品目別自給率概算値」）

食料自給率の計算方法

　2022年度の輸入も含めた1人1日当たりに供給される食べ物全体の熱量（カロリー）は2260kcalです。そのうち国産の食べ物から供給されるカロリーは、850kcalで、これを図3に示す式で計算すると38%になります。なお、牛肉や豚肉などの畜産物は、飼料を外国からの輸入に頼っていますので、国内で自給されている飼料だけで育てたとすると、牛肉の自給率は11%、豚肉は6%になります。

図3　自給率の計算式

$$\frac{850\text{kcal}（1人1日当たりに供給される国産の食べ物の熱量）}{2260\text{kcal}（1人1日当たりに供給される食べ物全体の熱量）} \times 100 = 38\% \text{ カロリーベース食料自給率}$$

④ 荒廃農地の増加と対策

農地面積と荒廃農地面積

　農地は農業をするうえで欠かせない大切なものです。日本の農地面積は1961年の609万haをピークに減少を続けています。2023年の統計では430万haになり国土面積（3780万ha）の11％で、そのうち、田が54％、畑が46％となっています。

　一方、荒廃農地❶の面積は、2008年以降毎年28万ha前後で推移していましたが、2021年には26.0万haとなりました。

図1　荒廃農地の推移（全国）

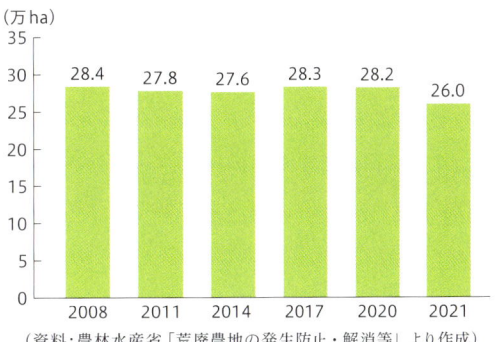

（万ha）
- 2008: 28.4
- 2011: 27.8
- 2014: 27.6
- 2017: 28.3
- 2020: 28.2
- 2021: 26.0

（資料：農林水産省「荒廃農地の発生防止・解消等」より作成）

荒廃農地が増える要因と対策

　2021年の実態調査によると、荒廃農地が発生する原因は「高齢化、病気」が最も多く、次いで「労働力不足」となっています。

　また、農地が「山あいや谷地田など、自然条件が悪い」という理由が特に中山間農業地域❷で多く、「野生鳥獣による被害が大きい」ことも大きな理由になっています。荒廃農地と野生鳥獣の被害の間には、放棄された土地が増えると野生鳥獣が増え、野生鳥獣の被害が大きいと営農意欲が減退し耕作を放棄する、という関係があります。

　農水省は2014年に都道府県に「農地バンク」を設けました。この制度は県に設置された農地中間管理機構が、耕作する意思のない農地を借り受けて農地を整備し、希望する農家に貸し付ける仕組みで、安心して農地の貸し借りができる制度として効果を上げています。

野生鳥獣による被害と対策

　野生鳥獣による被害額は2021年度には全国で155億円になりましたが、被害金額の8割強が獣類によるもので、2割弱が鳥類によるものになっています。

　獣類の中ではシカによる被害が最も多く、次いでイノシシによる被害が多くなっていますが、この2種の獣類で獣類による被害の約8割を占めています。

　鳥類による被害で最も多かったのはカラスで、鳥類による被害の5割弱になっています（図2）。

　農水省では鳥獣による被害対策の鉄則を次の3つの柱を基本として効果を上げています。
① 個体群管理：鳥獣の捕獲、ジビエの利用拡大
② 侵入防止対策：柵の設置、音などによる追い払い
③ 生育環境管理：刈り払いによる餌場・隠れ場の排除

図2　野生鳥獣による農作物被害状況

（億円）
- 2016: 172億円
- 2017: 164億円
- 2021: 155億円

2021年内訳：
- その他鳥類　15
- カラス　13
- その他獣類　19
- サル　8
- イノシシ　39
- シカ　61

（資料：農林水産省「野生鳥獣による農作物被害金額の推移」）

---

❶荒廃農地とは現に耕作されておらず、耕作の放棄により荒廃し、通常の農作業では作物の栽培が客観的に不可能となっている農地のこと
❷平野の外縁部から山間地にかけての地域を指す。全国耕地面積の4割を占めている。

⑤ 農業の新しい取り組み

農家から消費者への情報発信

　インターネットの発達により、直接消費者に販売する農家も増えています。農家がホームページを開設し、自分の農産物の販売情報を発信する例もみられます。

　インターネットで販売を伸ばしている農家の事例に共通しているのは、いま畑に何が育ち、何が出荷でき、何がおいしいかなど、日々の新しい情報を提供していることです。

健康志向に応える農産物の開発

　健康志向が強まるなかで、おいしくて食べやすいだけでなく、健康に役立つ機能をもった食べ物に関心が集まっており、健康志向に応える農産物をつくろうとする動きが活発になってきています。下記の新品種は、公的な品種育成機関である農研機構が育成した高品質・高機能性の品種の一例です。

①ルテイン❶が豊富な葉と茎を食べるサツマイモ「すいおう」
②夏に新そばが食べられる早生のソバ新品種「春のいぶき」
③アントシアニン❷を多く含む暖地向け黒大豆「クロダマル」
＊各品種の詳細情報は農研機構WEBサイトでご確認ください

すいおう　（写真提供：鈴木敏夫）

農村と都市の交流

　都市住民は、農山漁村の「新鮮な農産物」や「豊かな自然環境」などに魅力を感じ、農業体験への希望も増えています。貸農園、体験農園、観光農園、農家民宿など、農村の癒しや農作業の健康増進の効果に着目したグリーン・ツーリズム（農山村での余暇活動）は、農村と都市をつなぐ大きな役割を担っています。

---

❶❷目に良いとされている成分

環境分野(入門)

1 地球温暖化の原因と影響

地球温暖化はなぜ起きるのか？

　地球は太陽の熱で温められ、温められた地表面からは赤外線が放出されます。その一部は大気中の温室効果ガスに吸収され、残りは宇宙に放出されます。温室効果ガスに吸収された赤外線は再び地表に向けて放射されるため、地表の年間平均温度は14℃に保たれ、地球が冷え込むことを防いでいます（図1）。

　大気中に温室効果ガスが増えると、温室効果ガスが多くの赤外線を吸収するので、地球の温度が高くなってきます。地球規模で気温や海水温が長期間にわたり上昇する現象を地球温暖化といいます。

図1　地球温暖化の仕組み

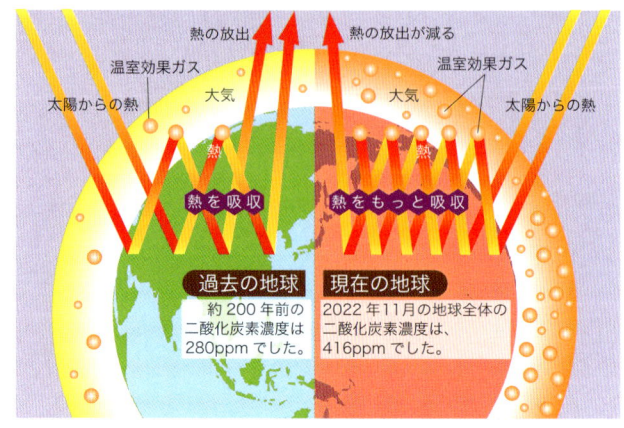

過去の地球　約200年前の二酸化炭素濃度は280ppmでした。

現在の地球　2022年11月の地球全体の二酸化炭素濃度は、416ppmでした。

（資料：全国地球温暖化防止活動推進センターウェブサイト）

　経済活動などによって排出される温室効果ガスには二酸化炭素やフロン、一酸化二窒素などがあります。このうち、石油・石炭・天然ガスなどの化石燃料の燃焼によって発生する二酸化炭素が世界の温室効果ガス全体の66％を占めています。

　2011年に70億人を超えた世界人口は急激にエネルギー消費を拡大させました。その結果、石油、石炭、天然ガス、太陽光、水力、風力、薪など自然界から得られる一次エネルギーの消費量は、1990年には約82億tでしたが、32年後の2022年には144億tとおよそ1.8倍弱に増えています。

　また、観測衛星『いぶき』（『いぶき』と併用して2019年2月から『いぶき2号』の定常運用が開始）の観測では、世界の二酸化炭素濃度は2023年3月には約417ppmとなり、10年前に比べて23ppm増えています。毎年、前年の同時期に比べておよそ2ppm増えている状態が続いているので、地球温暖化の進行が心配されています。

温暖化の影響──農業への影響

　地球温暖化が進むことで、今までその地域に存在しなかった害虫が生息域を広げたり、冬に減少していた害虫が越冬することも予想されます。また生息域も現在より北上すると考えられています。

　また、温暖化は病原菌の生息域にも影響を与えていると考えられています。例えば、イネの病気にカビが原因するものがありますが、その発生が北方に移動すると予想されます。

　作物自体にも高温障害があらわれています。高温が原因で米が白乳化し、粒が細くなり、収穫量が低下する「白未熟粒」が増加しています。またリンゴ、ブドウ、カキなどの果樹でも、高温によって果皮の着色が阻害される着色不良の事例が報告されています。

高温障害への対策

このような高温障害への対策として、例えばイネでは「つや姫」などの高温耐性品種の導入が進められています。同時に、高温を抑制するために収穫間際まで水をかけ流すなどの水管理の工夫も図られています。果樹では、高温に強い南欧原産のオレンジをミカンの生産地に導入するなど、温暖化を逆に利用した試みも始まっています。

温暖化抑制の取り組み：パリ協定

パリ協定は2015年にパリで開催された「国連気候変動枠組条約第21回締約国会議（COP21）」で合意されたものです。

パリ協定は"2020年以降の温室効果ガスを削減するための国際的な取り決め"で、次のような世界共通の長期目標が掲げられました。

- 世界の平均気温の上昇を産業革命以前に比べて2℃未満、できれば1.5℃に抑える努力をする
- できるだけ早く世界の温室効果ガスの排出量の増加を止める
- 21世紀後半には温室効果ガス排出量と森林などによる吸収量を差し引きゼロにする

家庭でできる温暖化対策

家庭での温暖化対策を行う場合、ひとつひとつの取り組みの効果は小さいものなので、複数の対策を組み合わせる必要があります。ただし、各家庭の事情や居住地の気候的な条件も千差万別なため、すべての家庭で同じ対策が有効とは限りません。結局自分達のできる範囲のなかで対策を進めていくことが重要です。

比較的簡単かつ効果的な対策としては、待機電力を減らすことなどが有効です。

自家用車に関しては緩やかな走りだしや車間距離をとり加減速を控えることなどを意識したエコドライブを心がけましょう。また、近所への外出ならば徒歩や自転車、遠方ならば電車などの公共交通機関を利用することで、消費するエネルギー量を抑えることができます。ハードルは高くなりますが、エコ家電を導入することも有効な対策です。

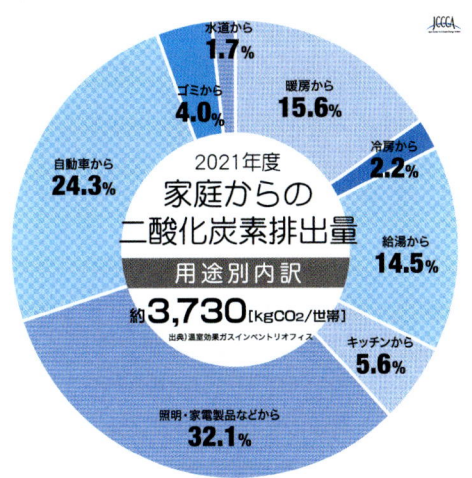

図2　家庭からの二酸化炭素排出量

2021年度 家庭からの二酸化炭素排出量 用途別内訳 約3,730 [kgCO₂/世帯]

- 水道から 1.7%
- ゴミから 4.0%
- 暖房から 15.6%
- 冷房から 2.2%
- 給湯から 14.5%
- キッチンから 5.6%
- 照明・家電製品などから 32.1%
- 自動車から 24.3%

出典）温室効果ガスインベントリオフィス

（資料：全国地球温暖化防止活動推進センターウェブサイト）

ひとつひとつの温暖化対策は効果が小さくても積み重ねていくうちに、意識や生活そのものが変わり、その結果大きな効果が得られるようにもなるので、身近な省エネ行動から積極的に取り組みましょう。

② 自然環境と農業のかかわり

生態系と生物多様性

　地球上にすんでいる全ての生物は水、土、大気、太陽光などの環境の中で、お互いに関わり合いながら生活しています。このように相互に関連し合っているまとまりを生態系といいます。
　また、地球上に生きているいろいろな生き物たちはお互いにつながり合って生きています。このような状態を生物多様性といいます。
　生物多様性は次の3つの階層（レベル）に分けて考えられています。
①**生態系の多様性**　自然環境のなかでいろいろな動植物がかかわり合って生きている状態をいいます。
②**種の多様性**　いろいろな種類の動植物が数多くいる状態をいいます。
③**遺伝子の多様性**　同じ種でも個々の性質や形には少しずつ違いがあります。これは遺伝子が均一ではなく多様になっているからです。
　この3つの多様性が維持されることで、自然環境は守られています。

田んぼが育てる生物

　農地や農村も生物が生きるための環境のひとつであり、そこには生態系がつくられています。
　赤とんぼ（アキアカネ）は、秋になると水田に卵を産みます。春、水田に水が満たされるとふ化し、幼虫期はエサが豊富な水田で成長します。夏になると成虫となり高地へ移動。そののち、栄養を蓄えてふたたび水田に戻り産卵します。
　冬の日本に越冬のため飛来するタンチョウヅルなどの渡り鳥も、水田を餌場として利用し、カエルや昆虫を食べています。もともとは、湿地帯や湖沼を産卵地や餌場としていましたが、人間がつくりだした環境を利用して順応しました。
　このように、いくつもの生物が農地・農村の周辺で生命をつなげている生態系を農地生態系と呼んでいます。

農薬・化学肥料の影響

　赤とんぼも姿を見ることが少なくなってきました。1990年代以降その数は100分の1まで減少したともいわれています。その原因は、イネの栽培に用いられる殺虫剤（農薬）との説もあり、農薬が赤とんぼの羽化を妨げているという研究結果も報告されています。
　また化学肥料（→4章［肥料の基本］参照）も近代農業に欠かすことができない資材として使用されていますが、過剰施肥による地下水汚染や人体への影響も危惧されています。これらの反省から、豊かな農地を守るために生物多様性の保全の大切さが再認識されています。

③ 地産地消の取り組み

地産地消の利点

　地域で生産された農産物をその地域で消費する取り組みを地産地消といいます。こうした活動を通じ、生産者と消費者の距離が近づくことで、次のような利点が生まれます。
- 生産者にとっては消費者のニーズに応じた生産が展開できるとともに、流通経費の削減によって収益性の向上が望めます。
- 消費者にとっては生産者との「顔の見える関係」ができることで、生産状況や品質を確認しやすくなり、新鮮で安価な農産物を得ることができます。
- 地元生産者の営農意欲を高め、耕作放棄地や荒廃農地の増加を防ぐことにつながります。
- 学校給食などに地元産の食材を使うことによって、食育の推進を図ることができ、また農業や農産物への親近感を育てることができます。
- 地域の食文化についての理解を深め、伝統的な食文化の継承につながります。
- 輸送距離を短くすることが、CO_2の排出量の削減につながり、下記のフード・マイレージの改善を図ることができます。

環境負荷の指標「フード・マイレージ」

　フード・マイレージはイギリスのフードマイルズ運動[1]を参考に、農林水産省で開発された食料輸送にともなう環境負荷にかかわる指標です。
　「食料の輸送量 (ton)」×「生産地から消費地までの輸送距離 (km)」で計算し、単位はトン・キロメートルになります。この数値が大きければ大きいほど輸送で排出される二酸化炭素の量が多いことが推定されます。2001年のデータでは日本のフード・マイレージでは約9000億トン・キロメートルでアメリカの約3倍となっており、先進国のなかでもっとも多くの環境負荷をかけている国になっています。
　食料の地産地消はフード・マイレージを小さくし、環境を守ることにつながります。なお、輸送による環境への負荷は鉄道、船舶、トラック、飛行機などの輸送手段によっても違いがあります。

図1　フード・マイレージ国別比較（2001年）

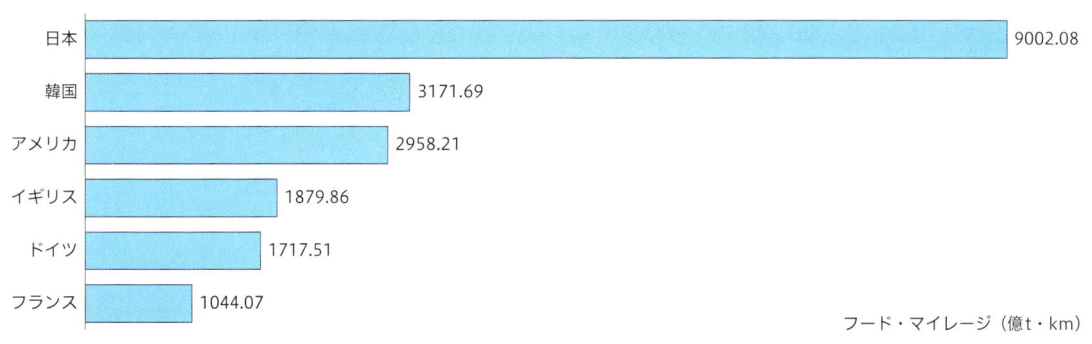

国	フード・マイレージ（億t・km）
日本	9002.08
韓国	3171.69
アメリカ	2958.21
イギリス	1879.86
ドイツ	1717.51
フランス	1044.07

（資料：農林水産政策研究所中田哲也「食料の総輸入量・距離（フード・マイレージ）とその環境に及ぼす負荷に関する考察」2003）

---

[1] 身近でとれた食料を消費することによって、食料輸送にともなう環境負荷を低減させていこうというイギリスの市民運動。

④ 都市農業の役割

広がる都市農業の役割

　都市や都市近郊の農業は消費地に近いという利点を生かして新鮮な農産物を供給しています。市街地、またはこれから計画的に市街地化していく区域にある農地を市街化区域内農地といい、全国の農地の1.4％ほどですが、販売金額では全体の7％を占めています（農林水産省「都市農業をめぐる情報について」2023年）。

　都市と農業を結びつける上で、大きな役割を果たしているのが農産物直売所です。従来の仲卸などの流通を経ずに、生産者が消費者に直接販売するもので、全国で2万2680カ所（2021年度6次産業化総合調査結果）あります。その形態は個人経営のほか、地方公共団体や農業協同組合の出資によるもの、複数の生産者が出資した会社組織の形態などさまざまです。

　主要道路沿いに設けられた「道の駅」でも、直売所を備えるところが増えています。

図1　体験農園

体験農園では資材や農機具、作物管理のインストラクターなどをそろえていて、手ぶらで現地に行っても農業が手軽に体験できる施設もある

農業生産以外の役割

　都市農業は農業生産以外にも次のような役割を担っています。

① **身近な農業体験・交流活動の場の提供**　農業体験や生産者との交流ができる観光農園、農業を趣味として楽しむ体験農園（図1）での交流の機会を与えています。

② **災害時の防災空間の確保**　災害時の一時避難場所や火災の延焼を防ぐ緩衝地帯など、防災のオープンスペースとしての役割を果たしています。

③ **心やすらぐ緑地空間の提供**　緑地空間や水辺空間を提供し、都市住民の生活に「やすらぎ」や「潤い」をもたらしています。

④ **環境の保全**　コンクリートで塗り固められたビルや道路などが都市部の環境に大きな影響を与えています。都市に緑地空間を多くすることは、雨水が土の中に保水され、地下水を涵養するとともに、洪水対策としても注目されています。また、生物多様性を保全するうえでも役立っています。さらには都市独特のヒートアイランド現象を低減させています。ヒートアイランドとは、都市部の気温が周囲よりも高くなる現象のことで、夏季には熱中症が増えたり、冬季では感染症を媒介する蚊が越冬することなどが問題となっています。

食分野(入門)

1 肥満と食習慣

　肥満とは、脂肪が体の中に必要以上に蓄積した状態のことをいいます。その原因は何でしょう。どうして肥満になるといけないのでしょうか。

肥満は生活習慣病の重要な危険因子

　年齢を重ねるとともに私たちの体の筋肉や骨は衰え、体を支える力が弱くなります。そこに肥満が加わると負担が大きくなり、若い時には大丈夫だったのに腰痛などの関節障害を起こしやすくなります。また痛風、すい炎や脂肪肝、あるいは突然死の原因ともなる睡眠時無呼吸症候群にも大きな影響をおよぼし、さらにはさまざまながんのリスクを高めると指摘されています。

図1　肥満が呼び寄せる生活習慣病

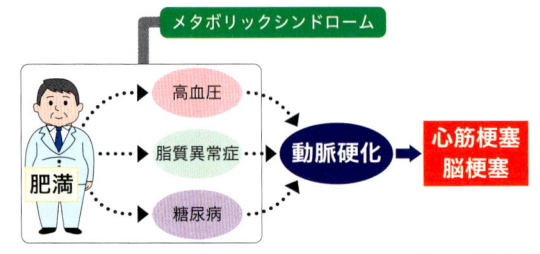

（資料：ヘルスケア・コミッティー㈱ウェブサイト）

　特に心配されるのが、高血圧・脂質異常症（高脂血症）・糖尿病などの生活習慣病❶です。内臓脂肪型肥満にこれら生活習慣病の2つ以上の症状が重なっている状態をメタボリックシンドロームと呼びます。メタボリックシンドロームになると、動脈硬化がすすみ、やがては心筋梗塞や脳梗塞など重大な病気を引き起こす危険が高まります（図1）。

肥満の原因と予防

　肥満の原因は、やはり食べ過ぎです。食べ物からとった「摂取エネルギー」が、運動や毎日の活動で消費される「消費エネルギー」よりも多くなると、余ったエネルギーが脂肪となって体内に蓄えられます。肥満の予防には、毎日の生活習慣が大切になります。

　食生活では、1日3回規則正しい食事を心がけましょう。食事の時間と回数のバランスが崩れると、肥満になりやすくなります。

図2　年齢とともに変わる基礎代謝量

年齢　　18〜29　　30〜49　　50〜64　　75以上

男性基礎代謝量（kcal/日）　1530　　1530　　1480　　1280

（資料：厚生労働省「日本人の食事摂取基準2020年版」）

　朝食を抜くと夕食の次が昼食となり空腹の時間が長くなります。このとき体は、次の空腹に備えるため食べたものが効率良く体内に貯蔵されます。また夜の遅い時間帯での食事は、翌日のために消化器官が活発に動いているので、食べたものが貯蔵エネルギーになりやすいとされています。

　年齢を重ねるとともに基礎代謝量❷が低下します（図2）。そこに運動不足が加わると、筋肉が落ちてさらに基礎代謝量が少なくなるので、エネルギー消費量も少なくなります。適度な運動が欠かせません。

---

❶食習慣や運動習慣、喫煙、飲酒、ストレスなどの生活習慣が深く関与し、発症の原因となる疾患の総称。がん、脳血管疾患、心疾患、脳血管疾患、動脈硬化症、糖尿病、高血圧症、脂質異常症などが生活習慣病であるとされる。

❷安静な状態で生命維持に使われる必要最小限のエネルギー代謝量。

② 食生活と必要な栄養素

　私たちは、食事から栄養をとることでしっかりした体をつくり、動くエネルギー、体温を保持するエネルギーなどを得て、体の調子を整えることができます。

五大栄養素とその働き（炭水化物・脂質・タンパク質・無機質・ビタミン）

　「炭水化物」「脂質」「タンパク質」を三大栄養素と呼びます。またこれに無機質とビタミンを加えて、五大栄養素とよびます。

　炭水化物は糖質と食物繊維に大別され、糖質はおもにエネルギー源になる栄養素です。一方、食物繊維はほとんど消化・吸収されませんが、腸の調子を整え健康維持に欠かせません。糖質は穀類、芋類、豆類、果物、砂糖などに多く含まれます。脂質もエネルギー源となりますが細胞膜やホルモンの材料にもなります。植物油やバター、種実類などに含まれます。タンパク質はおもに筋肉や臓器、血の材料となり、エネルギーとして使われることもあります。肉、魚、卵、乳製品などに含まれます。無機質は、カルシウムや鉄、亜鉛などで、骨や歯を作る材料となったり体の調子を整えます。カルシウムは乳製品、鉄分はレバーや貝類・海藻類など、亜鉛はカキに多く含まれます。ビタミンは三大栄養素の代謝を助ける働きがあり、体の調子を整えます。野菜類、芋類、果物、穀類、豆類に多く含まれ、肉、魚にも含まれています。

● エネルギー源になる→炭水化物・脂質・タンパク質
● 体をつくる→脂質・タンパク質・無機質
● 体の調子を整える→無機質・ビタミン

水分の働き

　水分は栄養素には含まれていませんが、栄養素を運んだり、老廃物を体の外に出したり、体温を調節するなど体のなかで大変重要な働きをしています。体内の水分量は、成人で体重の50～60％です（図1）。スポーツ時の脱水症❶や熱中症❷を予防するために、こまめな水分補給の重要性が強調されています。

図1　人体に占める水分量の割合（成人）

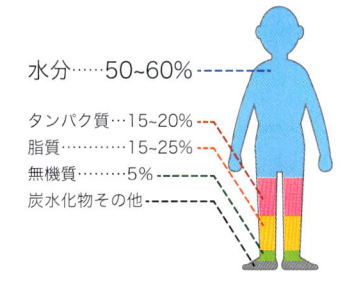

水分……50~60%
タンパク質…15~20%
脂質………15~25%
無機質………5%
炭水化物その他

（資料：藤田美明・奥恒行「栄養学総論」朝倉書店）

---

❶ 体内の水分量が不足した状態。
❷「熱中症」とは暑い環境で生じる健康障害の総称。

3 健康な食生活を支える日本の食文化

素材の味を生かし、だしを効かせて塩分を控えめに調理

　なるべく地元でとれる野菜、旬の野菜を使って調理することは自然の理にかなっています。新鮮な野菜は香り、色合い、歯ざわりが良く、栄養価も高く、いきいきとした生活の源となります。昆布、かつお節、干ししいたけ、にぼしなどのだしを効かせて塩分を控えめに調理すると、素材の味を生かしておいしく仕上がり、また生活習慣病予防にもなります。

表1　だし汁の種類と特徴

種類	だし汁の取り方	用途	主たる うま味成分
にぼしだし	にぼしの頭と内臓をとりのぞき30分水に浸ける。浸けた水ごと鍋に移し、弱火にかける。あくを取りながら、5～6分煮出す。ざるにふきん等をひき、煮出し汁をこす。	煮物、味噌汁	イノシン酸
こんぶだし	こんぶを水に30～60分浸けてから火にかけ、沸騰直前に取り出す。	すし飯、精進料理	グルタミン酸
合わせだし	こんぶからだしを取り、取ったこんぶだしを再沸騰させたところにかつお節を入れ1分煮てからこす。	上等な吸物、上等な煮物	グルタミン酸、イノシン酸
しいたけだし	干ししいたけを冷水に浸け冷蔵庫に一晩置く。ざるにふきん等をひき、もどし汁をこす。	煮物、炊き込みごはん	グアニル酸

図1　だしの素材

図2　こんぶだし

図3　かつおだし

④ 和食の基本

和食の基本は一汁三菜

　日本人の基本的な食事は、古くからごはん（炊飯した米）を主食とし、四季の産物を活かした香の物（漬物）や汁物に主菜と副菜、副々菜を組み合わせた一汁三菜です。これは先に述べた「自然の尊重」という日本人の精神を体現した食に関する「社会的慣習」であり、独自の食文化である「和食」を形作ってきました。この「和食；日本人の伝統的な食文化」を、2013年12月、国連教育科学文化機関（ユネスコ）は、ユネスコ無形文化遺産として登録することを決定したのです。

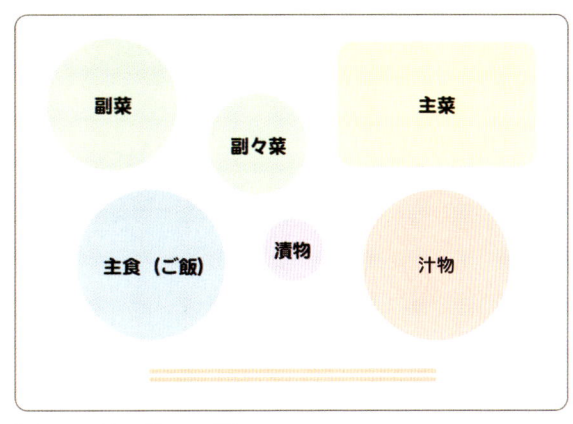

図1　一汁三菜の一例

和食文化の特徴

1　正月などの年中行事との密接な関わり
おせち

2　自然の美しさや季節の移ろいの表現
刺し身

3　健康的な食生活を支える栄養バランス
塩ちゃんこ鍋

4　多様で新鮮な食材とその持ち味の尊重
さまざまな魚介

5 旬を楽しむ食生活

食べ物の旬

　現在では、多くの野菜が一年中出回っているため、本来の旬がわからないものもあると思います。とうもろこしは夏の野菜、大根や白菜は冬の野菜、というように野菜にはそれぞれ旬の時期があります。
　食材の旬とは、その食材が一番多く出まわる時期で、味が一番良いとも言われています。旬の野菜は、新鮮で味も濃く、香りがあるため、おいしいのはもちろん、栄養価も高いのが特徴です。日本人は古くから旬を大切にし、また旬の味を楽しんできました。

野菜と果実の旬ごよみ

〈旬の野菜・果物〉

春	夏	秋	冬
筍、菜花、フキ、新キャベツ、きぬさや、新タマネギ、うど、アスパラガス、グリンピース、根みつば、いちご	ピーマン、えだまめ、オクラ、かぼちゃ、きゅうり、トマト、とうもろこし、なす、モロヘイヤ、ニガウリ（ゴーヤ）、すいか	さつまいも、まつたけ、しいたけ、かぶ、れんこん、チンゲンサイ、栗、菊、柿、いちじく、なし、ぶどう	ほうれんそう、山いも、京菜（水菜）、こまつな、白菜、ねぎ、春菊、ごぼう、大根、ゆりね、温州みかん

＊旬は地域、品種、気候、栽培方法によっても異なる

地域に伝わる伝統野菜

　私たちが暮らす地域には、その地域に伝わる特有の食べ物があります。伝統野菜もその1つで、その土地の気候や風土に合った野菜として地域の食文化と密接にかかわっていました。現在、広く流通している野菜のように形が揃わず、栽培に手間がかかりますが、独特の味や形が近年見直されてきています。

〈伝統野菜の例〉

山形県… 雪菜
群馬県… 下仁田ねぎ
東京都… 練馬大根
石川県… 五郎島金時
愛知県… 守口大根
大阪府… 大阪しろな
島根県… 津田かぶ
宮崎県… 糸巻き大根

図1　練馬大根のたくあん漬　　図2　出雲地方特産の津田かぶ

⑥ 伝統的発酵食品

　日本の文化や歴史、風土とも深いかかわりをもっている発酵食品は、はるか昔にその土地に生まれ、生活した人々が自然と共生しながら、その経験をもとにつくりだした加工の知恵が詰まった食文化です。また発酵食品は加工食品のひとつで、醤油・味噌・納豆・かつお節・日本酒などがあります。
　醤油や味噌の原型である「比之保（ひしお）」は約2000年前の弥生時代から古墳時代にかけて日本に伝来したといわれています。気候に合った原料や発酵菌の選択、発酵法が経験的に工夫され、日本独自の醤油・味噌がつくりあげられました。

発酵食品とおもな微生物

パン	イースト菌（酵母菌）
みそ	麹菌、酵母菌
しょう油	麹菌、酵母菌、乳酸菌
酢	麹菌、酵母菌、乳酸菌、酢酸菌
みりん	麹菌
納豆	納豆菌
漬物	乳酸菌
キムチ	乳酸菌
ヨーグルト	乳酸菌、酵母菌
チーズ	乳酸菌、酵母菌、アオカビ
日本酒	麹菌、酵母菌
焼酎	麹菌、酵母菌
ビール	酵母菌（ビール酵母）
ワイン	酵母菌（ワイン酵母）

図1　醤油 　　　　図2　味噌 　　　　図3　納豆

3―食分野

⑦ 食品選び・表示の見方

生鮮食品の選び方

◆**野菜・果物** みずみずしく、色鮮やかでつやがあり、つぶれていないものを選びます。
◆**肉** 肉のつやがよく、肉汁の出ていないものを選びましょう。牛肉は古くなると赤身が黒ずんできます。豚肉は古くなると灰色がかった色になります。鶏肉は古くなると黄色っぽくなります。
◆**魚（一尾）** 身に張りと弾力があり、目は透き通っていて、エラが鮮やかな赤色のものを選びます。
◆**魚（切り身）** 身に透明感とつやのあるもので、液汁の出ていないものを選びます。

生鮮食品の表示

◆**野菜・果物** 名称、原産地が表示されます。
◆**肉** 名称が表示されています。国産品には「国産」と、輸入品には「原産国名」が表示されます。
◆**魚** 名称、採取した水域名または地域名、水域をまたぐ場合などは、水揚げ港またはその都道府県名が、輸入品には原産国名が表示されます。養殖したものは「養殖」、冷凍品を解凍したものには「解凍」と表示されます。

加工食品とその表示

　加工食品は野菜、魚、肉などの原料にさまざまな加工を加えた食品です。原料に乾燥や加熱殺菌、冷凍などの加工を施すことによって食品の保存性を高めることができます。他にも、味を良くしたものや、栄養価を高めたものなどさまざまな加工食品があります。
　＊例：小麦→うどん・パン、米→せんべい
　加工食品には名称、原材料名、内容量、消費期限または賞味期限、保存方法、製造業者または販売業者などが表示されています。表示の内容を確認して自分の考えで選択する力を養うことが大切です。

消費期限・賞味期限

◆**消費期限** 安全に食べられる期限をいいます。一度開封したら、期限表示にかかわらず早く食べましょう。（弁当、サンドイッチ、総菜など）
◆**賞味期限** 品質が保たれ、おいしく食べられる期限をいいます。品質の劣化が比較的遅い食品に表示されます。この期限を過ぎたら、すぐに食べられなくなるということではありません。（ハム、ソーセージ、スナック菓子など）

JAS規格（日本農林規格）

JASマーク

　JAS法（日本農林規格等に関する法律）に基づき、農林水産大臣が品目を指定して定め、品位・成分・性能などがJAS規格に適合していると判定された製品（飲食料品や林産物）および生産方法や取り扱い方法に対してJASマークが表示されます。

8 和食と箸

食作法

　食事における作法とは、作法が先にあるのではなく、その作法ができる理由や気持ちがあります。和食における食の作法も同様で『自然の恵みへの感謝』『つくってくれた人への感謝』『食事をともにする人たちへの配慮』という気持ちから生まれてきたものです。

　食前の『いただきます』は食材となった命への感謝を表し、『ごちそうさま』は食材を運んでくれた人、料理を作ってくれた人に対する感謝を表しています。

箸の伝来と定着…箸の働き（種類・形・素材）

　世界中の食文化をみてみると、食事の仕方は「手食」、「ナイフ・スプーン・フォーク食」「箸食」の3つに分類されます。人数の割合では、手食は4割、ほかが3割ずつを占めるといわれています。日本の主食である米は粘り気のあるジャポニカ米で、手で食べるには向きませんが、箸食との相性はよい食品です。

　箸は中国から伝わり、時代を経るにしたがって徐々に一般化していきました。鎌倉時代の武家社会で日本料理の原型ができ、箸の使い方も完成。「つまむ」「はさむ」「ほぐす」「切る」などさまざまな使い方が定着しました。江戸時代に、外食産業の発達により竹箸が使われるようになったのが、割り箸の起源とされています。日本で一般的に使われる箸は、木、竹、漆の塗りなど植物系の素材が使われます。一方、アジアの他国では金属の箸もよく使われます。

　箸、茶碗など、家族銘々が自分に合った道具を使うのも、和食の特徴です。欧米ではナイフやフォークを含め食器類は共用ですが、日本では属人化しています。個人のサイズに合った箸（図1）、茶碗、湯のみなどは他人と共用することはありません。夫婦（めおと）茶碗といわれる、サイズ違いのセットを使うのも日本ならではの風習です。

　箸は、用途によって使い分けがなされています。食事のとき、個人用に使うのとは別に、大皿から取り分ける「取り箸」は、直接口につけてはいけないし、調理用の「菜箸」は、調理以外には用いません。

　「日本人の一生は、箸に始まり箸に終わる」をはじめ、箸にまつわることわざは数多くあります。食事のマナーについても、特に箸に関するものが多く、タブーとされる「嫌い箸（忌み箸）」は、70種類以上もあるといわれています。たとえば、迷い箸は、どの料理に箸をつけようか思案して箸先をあちこちに動かすこと。渡し箸は、食事の最中や終わったあとに、食器の上に箸を渡しておくこと。ねぶり箸は、箸を口の中に入れてなめること。以上のようなものが代表的ですが、嫌い箸を含めた食の作法を体現できる人は、年々減ってしまっています。

箸の長さの基準
箸の長さ＝手のひらの長さ×1.2
［手のひらの長さ＋3cm］

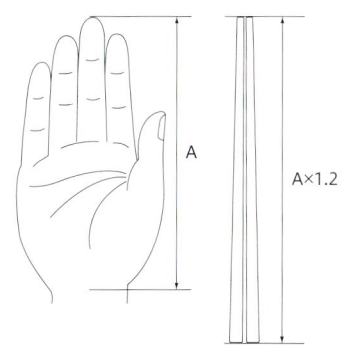

図1　箸の長さの基準

⑨ 盛り付けの基本

野菜の切り方　盛り付けの基本

輪切り	小口切り	半月切り	色紙切り(しきし)
①いも類、にんじんなど（煮物、汁物）	②きゅうり、ねぎなど（和え物、汁物）	③大根、にんじんなど（汁物）	④大根、にんじんなど（汁物、炒め物）
短冊切り	ひょうし木切り	いちょう切り	乱切り
⑤うど、にんじんなど（椀だね、酢の物）	⑥じゃがいも、大根など（汁物）	⑦かぶ、にんじんなど（煮物、汁物）	⑧ごぼう、筍など（筑前煮などの煮物）
ささがき	せん切り	みじん切り	くし形切り
⑨ごぼうなど（きんぴら）	⑩キャベツ、大根など（サラダ）	⑪タマネギ、にんにくなど（ハンバーグ、薬味）	⑫レモン、トマト、タマネギなど

杉盛り　　重ね盛り　　俵盛り　　平盛り

混ぜ盛り　　寄せ盛り

⑩ 食の安全管理

　食品をそのまま放置すると、カビや細菌などの微生物が繁殖して腐ったり、目に見える違いがなくても食中毒の原因になることがあります。冷蔵庫や冷凍庫などの普及により、食品を低温に保つことで変質や腐敗を遅らせることができても、微生物を死滅させることはできないので、十分な注意が必要です。

食中毒（細菌とウイルス感染）と予防の原則

　食中毒を引き起こす細菌やウイルスには、腸炎ビブリオ、サルモネラ菌、腸管出血性大腸菌やノロウイルスなどがあります。いずれも目に見えません。したがって原因となる食品を見ても、味にもにおいにも変化がなく、食べても異常に気がつかないのが特徴です。食中毒の典型的な症状には、嘔吐、腹痛、下痢などがみられ、時に重症となって死に至ることもあります。

　食中毒予防の原則は、食中毒の原因となる細菌を「1. つけない」「2. 増やさない」「3. 殺菌する」ことです。そしてウイルスが原因の場合は「1. 持ち込まない」「2. ひろげない」「3. ウイルスをつけない」「4. ウイルスを殺す」となります。具体的には次の6つのポイントを実行しましょう。

食中毒予防のための6つのポイント

①食品の購入…………生鮮食品は新鮮なものを購入／消費期限などを確認
②家庭での保存………冷蔵庫や冷凍庫の詰めすぎに注意。目安は7割
③下準備………………手を洗う／料理に使う分だけ解凍し、すぐに調理／調理器具を洗浄・消毒
④調理…………………食品は十分に加熱／料理途中の食品は冷蔵庫に
⑤食事…………………手を洗う／清潔な食器を使う／室温に長時間放置禁止
⑥残った食品…………きれいな食器を使って保存／時間が経ちすぎていたら捨てる／十分に再加熱

食中毒の種類と予防のポイント

保存方法		原因となるもの	予防のポイント
細菌性食中毒	感染型	サルモネラ属菌・腸炎ビブリオ・病原性大腸菌・カンピロバクター・ウェルシュ菌	・購入後はできるだけ早く冷蔵庫に入れる ・生食はできるだけ避ける ・肉汁などで細菌を拡散させないようにする ・中心まで十分火が通るように加熱する ・調理後はできるだけ早く消費する
	毒素型	黄色ブドウ球菌・ボツリヌス菌・セレウス菌	
ウイルス性食中毒		ノロウイルス	・カキなどノロウイルスを蓄積している可能性のある食材の中心部に十分火が通るように加熱
自然毒による食中毒	動物性	魚毒・貝毒など	・市場に出回る商品を購入する ・食用キノコかどうか素人判断しない ・カビの生えた食品は食べない ・皮が緑になったじゃがいもも食べない
	植物性	毒キノコ・毒草・カビなど	
化学物質による食中毒		農薬・有害重金属など	・食品の汚染状況を知る
寄生虫による食中毒		アニサキス・クドアなど	・冷凍または加熱により寄生虫を死滅させる

コラム　食品の保存

食品は微生物により変化する

　私たちの身の回りの食品はほとんど生物そのもの、あるいは生物由来です。生物は、命が絶えると、特に手を加えなければ通常腐敗します。「腐敗」というのは、様々な微生物がそこで繁殖して食品の成分を分解し、品質をおとす（好ましくない状態になる）ことをいいます。一方、食品の「発酵」も微生物による作用ですが、こちらは人の役に立つ（好ましい）食べ物になることをいいます。

「腐敗」を防ぐ「食品の保存法」

　食べ物を放置すると様々な種類の微生物が繁殖して腐敗します。この微生物全般の増殖を防ぐ方法として、冷蔵、乾燥、塩漬け（砂糖漬け）などがあります。

冷蔵　微生物の増殖に適した温度は一般に30〜40℃くらいで、低温になるほど活動は低下します。食品を低温下に置くと、全ての微生物の活動を抑え、腐敗が進みにくくなります。

乾燥　微生物の繁殖には栄養分、水分、適切な温度条件が必要です。乾燥により食品の水分を減らすと、微生物が繁殖しにくくなります（図1）。

塩漬け（砂糖漬け）　食品に大量の塩や砂糖が加わると食品中の水分が抜け、また、食品中に残った水の一部は塩や砂糖の成分と強く結び付いて微生物が利用できない状態になります（図2）。

食品の保存性を高める「発酵」

　一方「発酵」については、通常特定の微生物が関わります（納豆には納豆菌、ヨーグルトには乳酸菌など）。発酵食品の製造においては限られた種類の微生物を食品に増殖させますが、「特定の微生物が増殖すると、他の微生物が増殖しにくくなる」ことから腐敗菌は増えることができません。さらに発酵食品においては、微生物がつくり出した酸やアルコールの抗菌作用も加わり、ますます保存性が高くなります。

　以下は代表的な発酵食品です。

納豆　一般的な「糸引き納豆」は、蒸した大豆に納豆菌を増殖させて作ります。納豆菌が大豆の成分を分解して、うま味成分、独特の匂い成分、粘り物質などを生成します（図3）。

ヨーグルト　乳（一般には牛乳）に乳酸菌を加え、乳酸発酵させます。乳酸菌が増殖しながら、乳に含まれる乳糖を乳酸に変え、酸性度が高まることで乳タンパク質が凝固します。

図1　ドライフルーツ
果物を乾燥させたもの。乾燥させ保存性を高めた食品は他に干し肉、魚の干物などがある

図2　生姜糖
生姜を砂糖に漬け込んだもの。塩漬けの食品には塩蔵わかめや塩鮭などがある

図3　納豆
蒸した大豆に納豆菌を増殖させたもの

栽培分野（1）

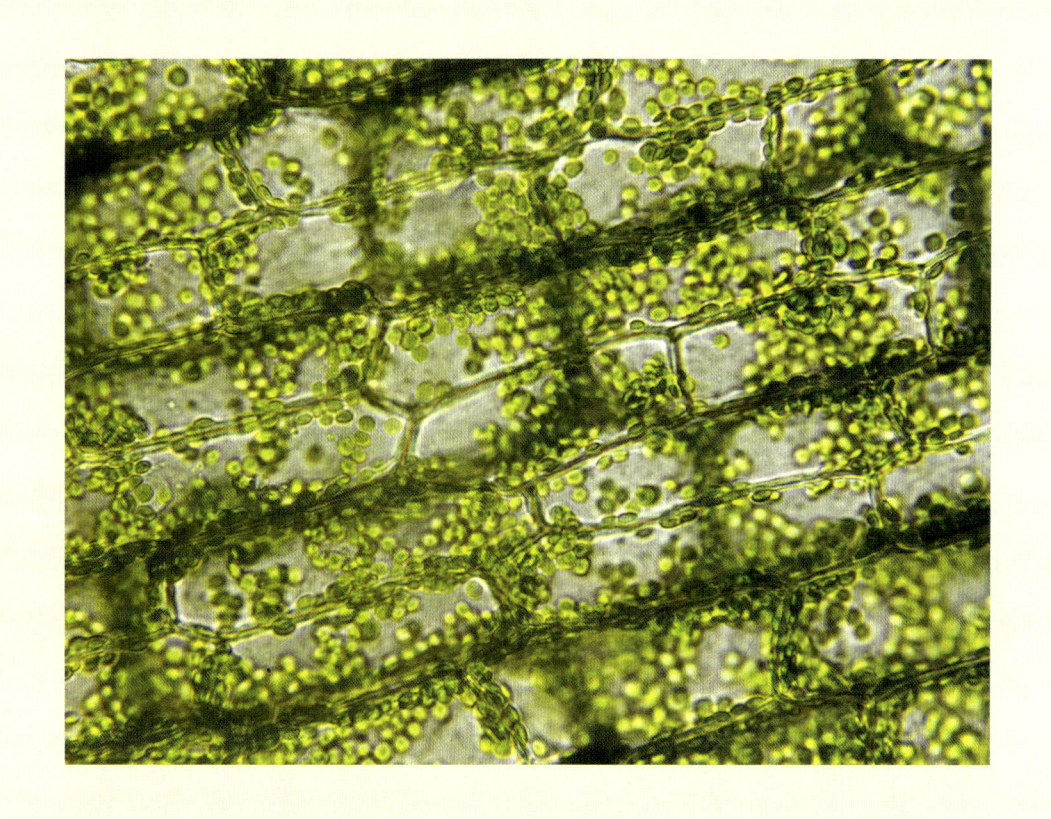

1 種子と発芽の条件

発芽の3要素（3条件）

発芽とは、種子の中の根や茎や葉になる部分が成長し始めることをいいます。

種子の発芽に不可欠なのは、①水、②空気（酸素）、③温度（適温）の3つです。このうち、どの1つが欠けても発芽できません（図1）。

乾燥状態にある種子は、水を吸収することで発芽を開始しますが、水が多すぎると発芽できません。それは、発芽のときに酸素が不足して、呼吸ができずに窒息するからです。

発芽に必要なもう一つの要素が温度です。それぞれの作物には発芽に適した温度があり、その温度の範囲外では発芽することはできません。

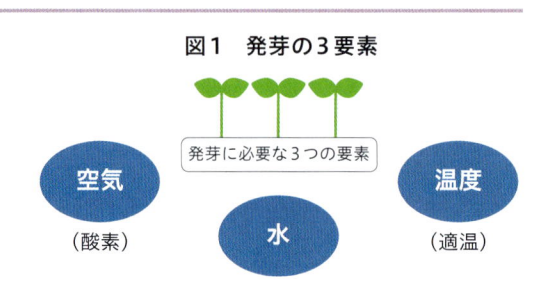

図1　発芽の3要素

発芽に必要な3つの要素：空気（酸素）、水、温度（適温）

発芽適温

種子が発芽する適温は、野菜の種類により違いがあります。多くの野菜の発芽適温は20℃～25℃ですが、レタス・ホウレンソウ・ニンジン・ダイコンは、15℃でも適温の範囲に入ります。また、キュウリやカボチャ、エダマメ・スイートコーン❶などは25℃～30℃と、比較的高温が発芽適温です（表1）。

春先は、毎日の気温にバラつきがあるので、地温が十分に温まってから種まきすることが大切です。もし地温が十分でないときは、ポリフィルムのマルチ（被覆資材）で土の表面を覆うことで地温を上げることができます。また地温の上昇は、黒色マルチより透明マルチの方がより効果があります。

表1　野菜の発芽適温

種類	発芽適温(℃)	種類	発芽適温(℃)
レタス	15～20	シソ	20～25
ホウレンソウ	15～20	キュウリ	25～30
ニンジン	15～25	カボチャ	25～30
ダイコン	15～30	エダマメ	25～30
コマツナ	20～25	スイートコーン	25～30
カブ	20～25		

好光性種子と嫌光性種子

「発芽の3要素」の中に「光」の要素は含まれていません。なぜなら、種子の発芽には光を必要とする植物と、光を必要としない植物があるためです。

光が当たる方が発芽しやすくなる種子を、好光性種子といいます。逆に、光が当たると発芽が抑えられ、光のない方が発芽しやすくなる種子を、嫌光性種子といいます。野菜の種類により違いがある（表2）ので、種まきした後の覆土❷に注意が必要です。好光性種子は、光が感じられるように覆土をしないか、ごく薄くかけます。嫌光性種子は光が当たらないように、種子の大きさの2～3倍の厚さに覆土をします。

表2　好光性種子と嫌光性種子

好光性種子	嫌光性種子
レタス、ミツバ ゴボウ、カブ ニンジン、セロリ	カボチャ、ナス トマト、キュウリ スイカ、ダイコン ネギ

---

❶スイートコーンは、トウモロコシのうちスイート種（甘味種）コーンと呼ばれる食用品種のトウモロコシ。
❷タネをまいた後に土をかぶせること。

② 野菜の生育に適した環境

野菜の生育適温

野菜は低い温度を好む野菜と、高い温度を好む野菜に分けられます（表1）。

◆低い温度を好む野菜　生育に適した温度は15〜20℃で、おもに秋冬の時期に栽培します。露地栽培でも冬越して、寒さに強いネギやキャベツなどがこの仲間に属します。

◆高い温度を好む野菜　生育に適した温度は23〜27℃で、おもに春から夏の時期に栽培するナスやトマトなどの果菜類、サトイモやサツマイモなどのイモ類がこの仲間に属します。

表1　野菜の好む温度　　*記載順は、科別。個別の生育適温は、5章「栽培分野（2）」の「基本的特性」参照

低い温度を好む野菜（生育温度は15〜20℃）	高い温度を好む野菜（生育温度は23〜27℃）
ハクサイ、キャベツ、コマツナ、ダイコン カブ、ブロッコリー レタス、シュンギク、パセリ ニンジン、ミツバ、ネギ エンドウ、ソラマメ ジャガイモ、イチゴ	ナス、ピーマン、トマト、スイカ、キュウリ カボチャ、サツマイモ サトイモ、スイートコーン エダマメ、シソ、ニラ オクラ

野菜と日照（日当たり）

野菜づくりの環境条件として、日照（日当たり）は重要な要素です（表2）。

◆陽生植物　日当たりを好み、日陰では健全に育たない植物です。トマト・ナスなどの果菜類、根菜類、マメ類、スイートコーン、サツマイモなどは、日照量の多い場所が適しています。

◆半陰生植物　日照不足に耐える力があり、曇り続きで日照量が少なくても、それほど生育に影響がない植物です。シュンギク、ネギ、レタス、サトイモなどがこの仲間です。

◆陰生植物　半日陰から日陰を好み、日照量の少ない場所で良く生育する植物です。直射日光が当たると葉焼けを起こしやすくなります。日本原産❶のミツバ、ミョウガ、フキなどは、樹木や垣根の陰を好みます。

表2　野菜の好む日当たり

日当たりが良い所を好む（陽生植物）	日当たりが悪くても耐えられる（半陰生植物）	日当たりが悪い所を好む（陰生植物）
キュウリ、オクラ トマト、ナス、ピーマン スイートコーン ダイコン、ニンジン キャベツ、ハクサイ サツマイモ タマネギ マメ類	イチゴ シュンギク パセリ ホウレンソウ ネギ レタス サトイモ	ミツバ ミョウガ フキ シソ クレソン

原産地から野菜の好適環境を知る

現在栽培されている作物は、野生の植物を選抜・改良し食用として育成してきたものが多く、その野生の植物が自生していた地域を「原産地」といいます。原産地の野菜を知ることは、栽培の好適環境を知る重要な手掛かりとなります。

たとえば、ナスはインド原産で高温を好み、乾燥に弱い野菜です。トマトは南アメリカ原産で強い光を好み、比較的乾燥に強い野菜です。キュウリはヒマラヤ山麓（インド付近）原産とされており、乾燥には弱く、30℃を超えると生育が衰えます。

---

❶日本原産と言われている野菜は、アシタバ、ウド、ミツバ、ミョウガ、フキなどの葉菜類、ジネンジョ、ユリ、ヤマゴボウなどの根菜類、水生作物のジュンサイ、セリ、ワサビなど含めて20種類程。（参考『日本食品名鑑図鑑』）

3 葉の気孔と蒸散作用

気孔の働き

気孔はおもに葉の裏側にある小さな組織で、孔辺細胞と呼ばれる一対のくちびる型の細胞でできています。孔辺細胞の動きにより気孔が開閉され、次のような働きをしています（図1、2）。

- **光合成作用を行なうときの二酸化炭素の取り入れと酸素の放出**

気孔は、光合成の原料となる二酸化炭素の取り入れ口になっています。また、光合成作用により発生した酸素の放出口にもなります。気孔が閉まっていると二酸化炭素が入らないので、光合成は行なわれません。気孔は光合成が盛んに行なわれる晴天のときには良く開いて、二酸化炭素をたくさん取り入れて酸素を放出します。

- **呼吸作用を行なうときの酸素の取り入れと二酸化炭素の放出**

植物は常に呼吸をしていますが、気孔を通して酸素を取り入れ、二酸化炭素を放出します。乾燥状態など気孔が閉じているときは、根や茎などを通して呼吸が行なわれます。

- **蒸散作用を行なうときの水分の蒸発口**

根から吸い上げた水が茎を通って葉まで届いた後に、水蒸気になって蒸発する「蒸散」の出口となります。光合成が盛んなときは気孔が開き、気孔からの水分の蒸散量も多くなります。

図1 ツユクサの気孔 （400倍）

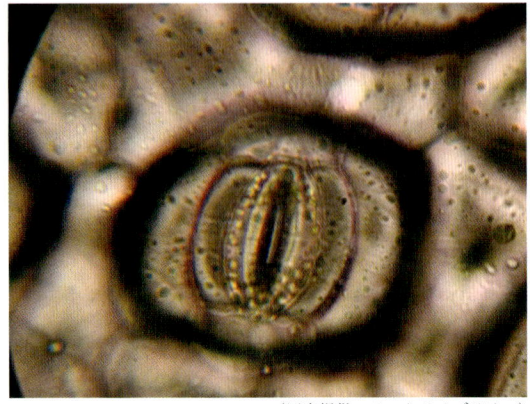

（写真提供：フォトライブラリー）

図2 気孔の開閉のしくみ

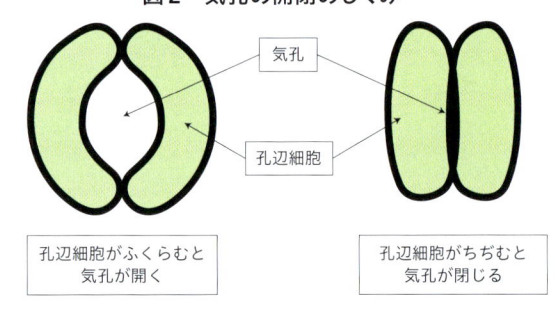

気孔　孔辺細胞

孔辺細胞がふくらむと気孔が開く

孔辺細胞がちぢむと気孔が閉じる

蒸散作用

根から吸い上げた水を葉の気孔から放出する蒸散には、2つの役割があります。

◆**根が水分と養分（肥料分）を吸収することを助ける**

気孔からの蒸散は、葉から根まで続いている管の中を流れる水を吸い上げるポンプの役割を果たしており、根が水と水に溶けている養分の吸収をするのに役立っています。

◆**強い日差しで上昇した葉の温度を低下させ、光合成能力を保つ**

蒸散作用には、私たちが暑いときに汗を出すことで体温上昇を防ぐように、植物体（特に葉）の温度が上がりすぎないように調整する働きがあります。

④ 光合成と呼吸作用

光合成の役割

　光合成とは、光のエネルギーを使い植物の葉の細胞にある葉緑体（図1）で、二酸化炭素と水を原料に、デンプンや糖などの炭水化物をつくり、酸素を発生するはたらきです（図2）。

　植物は、空気中の二酸化炭素や水など、身近な原料から動物の栄養源となる炭水化物を自分でつくり出すことができます。この動物にはできない光合成の働きが、人間を含めた地球上のすべての命を支えています。

　植物は、光合成でつくられた炭水化物を利用して成長・開花し、実を結びます。そのため作物の収量や品質は、光合成の働きに大きく影響されるので、栽培管理にあたっては光合成量を高めることが大切になります。

図1　葉の細胞

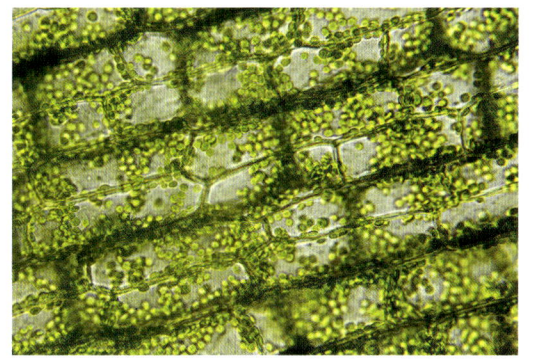

iStock.com/VIDEOLOGIA

図2　光合成の原料と産物

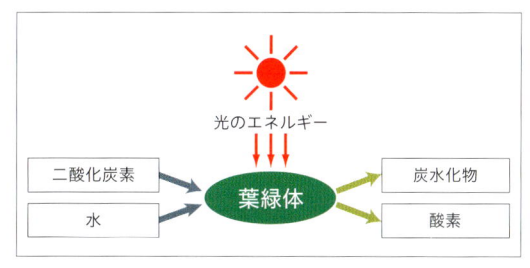

植物の呼吸の役割

　植物は人間や動物たちと同じように、生きていくために呼吸をしています。

　呼吸は、体内に酸素を取り込んで炭水化物を分解し、体の維持と成長に必要な「生命活動エネルギー」をつくり出す作用です。

◆昼夜の生命活動と光合成・呼吸との関係

　光合成と呼吸では、二酸化炭素と酸素の動きが逆になります。光が当たっている昼間は、光合成と呼吸の両方が行なわれています。つまり植物は、光合成による二酸化炭素と酸素の出し入れと、呼吸による二酸化炭素と酸素の出し入れを同時に行なっていることになります。昼間は光合成作用の方が呼吸作用より活発に行なわれるので、結果として植物は二酸化炭素を取り入れ、酸素を放出していることになります。しかし、夜間は光合成活動ができないので、植物は酸素を吸収して二酸化炭炭素を放出するのみとなります（図3）。

図3　昼と夜の植物活動

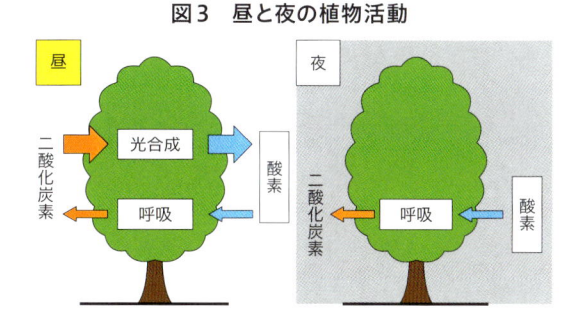

⑤ 作物が育つための養分の補給

作物に必要な養分がある

　土壌には天然供給養分があります。自然の野山に毎年草木が育つのは、落ち葉が分解してふたたび養分になるなど、自然の循環の中で、命をつなぐ養分が維持されているからです。

　田畑の土壌にも天然供給養分があり、作物の生育に大きな役割を果たしています。しかし、田畑から毎年たくさんの作物を収穫する現代の農業では、土壌に含まれる天然供給養分だけでは作物が必要とする養分が足りなくなります。そのため、この不足する養分を肥料として補充することが必要となります（図1）。

図1　必要養分と肥料の役割

肥料として欠かせない3つの養分

　作物の肥料養分として、特に多く必要となる窒素、リン酸、カリウムを、肥料の3要素といいます（表1）。

◆**窒素（N）**【葉肥】葉や茎の生育を促進し、葉色を濃くします。多すぎると徒長して軟弱になり、病害虫に弱くなります。

◆**リン酸（P）**【花肥・実肥】　開花や結実に不可欠で、元肥の成分として新根の発育にも働きます。

◆**カリウム（K）**【茎肥・根肥】　根や茎を強くし、植物に耐寒性、耐病性をつけ丈夫にする成分です。

肥料の種類

◆**化学肥料（無機質肥料）の種類**

　化学肥料とは、化学的に処理（合成）された無機質❶肥料です。

　化学肥料のうち、肥料の3要素（N・P・K）の中の1種類の成分しか含まないものを「単肥」（窒素肥料の硫安、尿素など）といいます。単肥を混合して、2種類以上の成分を含むようにしたものを「複合肥料」といいます。

　また、複合肥料の中で、1粒1粒の肥料に3要素のうち2種類以上の成分を含むものを「化成肥料」とよんでいます。

　図2に例示してある【8-8-8】という数字と順番は、【窒素・リン酸・カリウム】の順番に成分量を各8％含むという意味です。3成分の含有率の合計が30％未満のものを普通化成肥料といい、30％以上のものは高度化成肥料といいます。図2は24％なので、普通化成肥料です。肥料効果の速さにより速効性肥料❷と緩効性肥料❸があり、作物に合わせて使い分けます。

図2　普通化成の例

---

❶無機質　金属や岩石など、生物的要素が関与してない物質。
❷速効性肥料　施肥後すぐに効果があらわれる肥料。流亡しやすく効果の持続期間が短い。
❸緩効性肥料　施肥後の効果がゆっくりあらわれ、効果の持続期間も長く、肥料を多く与えすぎても障害が起こりにくい肥料。

◆有機質肥料の種類

　有機質肥料とは、生物（植物や動物）由来の有機質❹からつくられる肥料のことです。

　油かすは、ナタネや大豆などから油を採取した後の残りかすで、窒素成分が豊富です。魚かすは、魚を乾燥させ粉末状にしたもので、窒素、リン酸を含む比較的速効性の肥料です。骨粉は、家畜などの骨を砕いて蒸製したもので、米ぬかとともに緩効性のリン酸肥料です。草木灰は、草や木を燃焼させた後の灰で、代表的なカリ肥料です。

　有機質肥料は、肥効がおだやかに長続きしますが、単品では肥料成分が偏るので、ほかの肥料と配合して成分バランスを整えることが大切です。

表1　有機質肥料の成分

有機質肥料	窒素、リン酸、カリウムの割合
油かす	5：2.5：1.3
魚かす	8：3：1
骨粉	4：20：1
米ぬか	2：4：1
草木灰	0：3：6

（資料：(一社)全国農業改良普及支援協会、㈱クボタウェブサイト「みんなの農業広場」）

作物の生育に適した土

◆水はけ・水もち・肥もちの良い団粒構造の土

　作物が育つのに適した良い土とは、適度なすき間（通気性）があり、水はけ（排水性）、水もち（保水性）、肥もち（保肥力）が良い土です。

　土壌の砂や粘土だけでは、図3の左のように土壌粒子間にすき間がなく、サラサラした状態の単粒構造と呼ばれる土壌になります。そこへ堆肥などの有機物を加えると、土壌中の微生物により有機物が分解され、糊状の粘着物質が出されます。それが接着剤の役割を果たして土壌粒子が固まり、右のような団粒構造と呼ばれる土壌が形成されます。団粒構造の土壌は適度なすき間をもち、排水性、保水性があります。また、微生物によって有機物が分解されたものを腐植といい、団粒化した腐植は肥料成分を保持する力をもちます。

　団粒構造の形成は、化成肥料でつくることはできず、有機物の肥料や堆肥を入れることが必要です。

図3　土壌の構造（模式図）

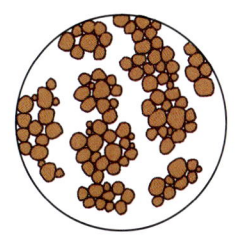

単粒構造の土　　団粒構造の土

（資料：JA京都ウェブサイト「いきいき菜園生活」より作成）

◆作物に合った土壌酸度（pH）の土

　作物にとっての土壌の善し悪しは、土壌酸度（pH）でも違ってきます。pH7が中性、pH7未満が酸性、pH7を超えるとアルカリ性に区分されます。作物によって好適なpHは異なっています（表2）。一般に作物の生育に適したpHは5.5〜6.5の弱酸性といわれていますが、ホウレンソウはpHが中性に近い土壌を好み、サツマイモやジャガイモはpHの値の低い酸性土壌が好きな作物です。

　作物の栽培にあたっては、土壌の酸度と作物の好みを確認しておくことが大切です。土壌の酸性が強い場合は石灰（カルシウム）をまいて酸度を調整します。

表2　酸性土壌と作物の関係

酸性に強い作物	ジャガイモ
酸性にやや強い作物	サツマイモ、ニンジン
酸性にやや弱い作物	キャベツ、トマト、レタス、ダイコン
酸性に弱い作物	ホウレンソウ

❹有機質　炭水化物、タンパク質、脂肪などのように、生物が関与してつくり出された物質。

⑥ 野菜の病気と防除

病気の8割はカビが原因

野菜の病害の病原体には、カビ（糸状菌）、細菌、ウイルスがあり、病害のおよそ8割はカビによるものだといわれています。病原体の大きさは、カビ、細菌、ウイルスの順番に小さくなります。以下に、病害の病原体（◆カビ、◆細菌、◆ウイルス）と病気の例を示します。

◆**うどんこ病** 葉にうどん粉のようなカビを生じる病気。ナス科やウリ科、マメ科など多くの作物に発病します。一般に多くの病原菌は温暖で湿度の高い環境を好みますが、うどんこ病菌は、梅雨明け後の乾燥した環境で発生しやすくなります。発病が進むと葉が黄化して枯れます。

◆**べと病** 果菜から葉菜まで発生は広く、植物の種類により症状、病原菌の種類も異なります。ウリ科の野菜は、高温多湿期、葉に黄色の病斑が発生します。

◆**灰色カビ病** 野菜や草花・果樹などの花・果実・茎葉に灰色のカビが生え、被害部が腐敗します。梅雨期など20℃前後で多湿のときに発生しやすくなります。

◆**白さび病** アブラナ科野菜に多く、梅雨や秋雨期の低温・多湿時に発生します。

◆**腐敗（軟腐）病** 根の周囲に生息する細菌が植物体の傷口などから侵入し、軟化腐敗させるもので、レタスやハクサイ、ニンジンなど多くの野菜や草花に感染します。高温多湿期に発生しやすく、病原細菌が水で移動するので、土の水はけが悪いと被害が拡大します。

◆**モザイク病** ウイルスによる代表的な病気です。葉が縮んだり、モザイク状の模様があらわれたりして成長が止まる難病で、ほとんどの野菜や草花に感染します。現在のところ、ウイルス病には効く農薬がなく、ウイルスを媒介するアブラムシなどの飛来防止が防除対策になります。

トマト　うどんこ病（カビ）　　キュウリ　べと病（カビ） 　　イチゴ　灰色カビ病（カビ）

コマツナ　白さび病（細菌） 　　レタス　腐敗病（細菌） 　　エダマメ　モザイク病（ウイルス）

病気の予防……4つのポイント

- 日当たり、風通しを良くする。そのためには密植をさけて、雑草を引き抜く。
- 水はけを良くする。根が酸欠で生育不良になると、病害が発生しやすい。
- 肥料をやりすぎない。窒素の多肥で軟弱徒長した作物は、病害に弱い。
- 肥料切れを起こさない。肥料切れで体力が低下すると、耐病性が弱まる。

(p.38・39　病害虫写真は新井眞一提供)

7 野菜の害虫と防除

加害タイプ別のおもな害虫

◆**吸汁性害虫**（茎葉や根・果実に口針を刺して野菜の汁液を吸う）
アブラムシ：新芽や葉に寄生する体長1～2mmの小さな害虫。繁殖力旺盛で、群れをつくって植物に寄生し栄養を奪います。またウイルスの媒介もして、深刻な被害を与えます。
　ほかに吸汁性害虫には、アザミウマ類、ハダニ類、コナジラミ類、土壌センチュウ類などがあります。
◆**食害性害虫**（葉・茎・実・根をかじって傷をつけ、病原菌の侵入口になったり生育を阻害する）
ヨトウムシ：ヨトウガの幼虫で、葉を食い荒らす代表的な害虫。葉裏に数百個の卵を固めて産みます。老齢幼虫になると日中は土にもぐり、夜に出てきて葉を食べるので、夜盗虫ともよばれています。
ウリハムシ：体長8mm前後で、キュウリ、スイカなどウリ類の害虫。葉の表面に円を描くように食害し、日が経つと円の内部が枯れて抜け落ちます。幼虫は地中の根を食害し、株を衰弱させます。

害虫防除は、総合的な防除へ

　化学農薬だけに頼らず、総合的な防除❶の取り組みがすすめられています。
◆**生物的防除**　害虫の天敵を活用して、害虫の生育密度を減らすことです。アブラムシの天敵はナナホシテントウ❷やヒラタアブなどの幼虫です。ヨトウムシには、歩行性のクモやゴミムシの仲間、寄生蜂などが天敵となります。
◆**物理的防除**　モンシロチョウなどの飛来と産卵を防ぐ「防虫ネット」は、無農薬防除の強い味方です。ほかにシルバーマルチ❸の利用も、有翅アブラムシ❹やアザミウマの飛来防止に役立ちます。
◆**耕種的防除**　耕作の手法を変えることで防除することです。輪作、混植、病害抵抗性品種の利用などの方法があります。キク科のマリーゴールドを根菜類や果菜類に混植することで、土壌センチュウの被害を抑える方法もとられています。

アブラムシ 　　ヨトウムシ（老齢幼虫） 　　（同　成虫） 　　ウリハムシ

生物的防除　　　　　　　物理的防除　　　　　　耕種的防除

ナナホシテントウ（幼虫） 　（同　成虫）　防虫ネット　　マリーゴールドの混植

（写真提供：MOA自然農法文化事業団）

❶農薬に加え、生物的防除、物理的防除、耕種的防除など、さまざまな技術を組み合わせて防除効果を高める防除方法。
❷ナナホシテントウは幼虫だけでなく、成虫もアブラムシを食べる。
❸耕地の被覆資材の一種。銀色をしたポリマルチの反射光に微小害虫の飛来抑止効果がある。
❹集団の密度が高くなったり、寄主植物の栄養条件が悪化すると、翅（ハネ）のあるアブラムシが出現して別の植物へ移動する。

⑧ プランター栽培の基本（その1）

野菜に合ったプランターの大きさは

　標準プランターは葉菜類の栽培に適しています。果菜類や根菜類を育てたい場合は、深型プランターで容量30L以上のものを選びます。
　用土が多く入る大きいプランターの方が野菜も良くできますが、重くなるため移動が大変になります。
　購入した培養土を袋ごと使う袋栽培や、発泡スチロール箱の利用もできます。容器は余分な水を排水するために、袋は横下に小穴を多めに、箱なら底面に複数の穴をあけて使います。

標準プランター
・標準プランター（土の容量15L）
　長さ65×奥行23×深さ18cm
・深型標準プランター（土の容量30L）
　長さ65×奥行26×深さ27cm

プランター栽培に適した用土の条件

◆**排水性（水はけ）、通気性が良い土**　もっとも大切な条件。水はけが良く、根腐れを心配せずに毎日たっぷり水やりができる土であること。

◆**適度な保水性、保肥力のある土**　プランターは乾きやすく、水やりで肥料分も抜けやすいので、保水力・保肥力のある土であること。

◆**有機質に富む土**　土の微生物により腐植を増やして、土の団粒構造が図れる土であること。

（→p.37参照）

用土の標準的な配合

個々の用土の特性を考えて混ぜ合わせ、栽培に適した培養土を作成します。

赤玉土（40〜60%）
水もち、肥もちが良く、水はけも良い、ベースとなる用土。

腐葉土（30〜40%）
排水性、通気性が良く、土の微生物を増やす。

パーライト（0〜20%）
通気性、保水性がある多孔質の資材。比重が軽いため軽量化できる。

（写真提供：後藤逸男）

用土の入れ方

市販の培養土
肥料成分の有無や割合を確かめる。肥料入りのものは、栽培に基肥（元肥）を加えない

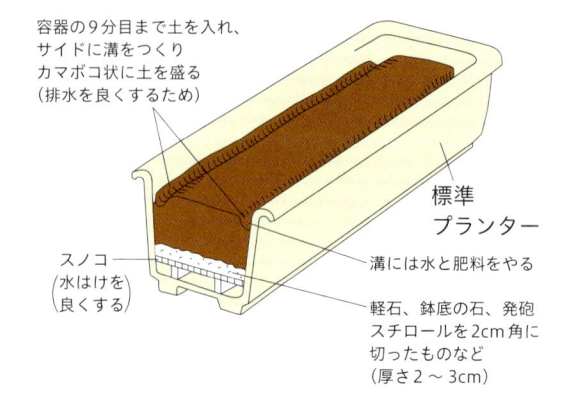

容器の9分目まで土を入れ、サイドに溝をつくりカマボコ状に土を盛る（排水を良くするため）

標準プランター

スノコ（水はけを良くする）

溝には水と肥料をやる

軽石、鉢底の石、発砲スチロールを2cm角に切ったものなど（厚さ2〜3cm）

プランター栽培には、じわじわ効く緩効性肥料を

緩効性肥料の施肥方法

緩効性肥料
少しずつ水に溶けて効くので
・水やりで流亡しにくい
・肥料やけしにくい
・施す回数が少ないので省力！

（緩効性肥料の例）
IB化成肥料
緩効性窒素入りの大粒肥料
（N10-P10-K10、Mg1）

肥料は、元肥（基肥）も追肥もプランターの条溝に

プランター栽培では、肥料やけに注意が必要です。散布する位置は、図のように株元から遠い「条溝施肥」なら安全で、灌水すると肥料溝に水がしみ込み、養分が浸透します。追肥は20日に1回が目安です。

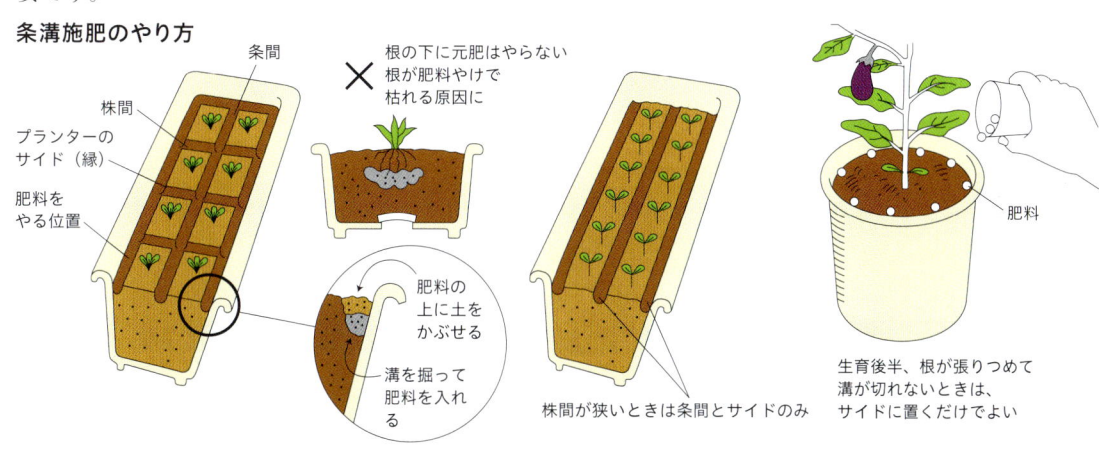

条溝施肥のやり方

条間／株間／プランターのサイド（縁）／肥料をやる位置

× 根の下に元肥はやらない　根が肥料やけで枯れる原因に

溝を掘って肥料を入れる／肥料の上に土をかぶせる

株間が狭いときは条間とサイドのみ

肥料

生育後半、根が張りつめて溝が切れないときは、サイドに置くだけでよい

被覆資材で防寒・防虫・防鳥を

被覆の目的と資材

真冬は寒さで成長がゆるやか
葉もの野菜
ビニールトンネル
冬でも成長が促進される

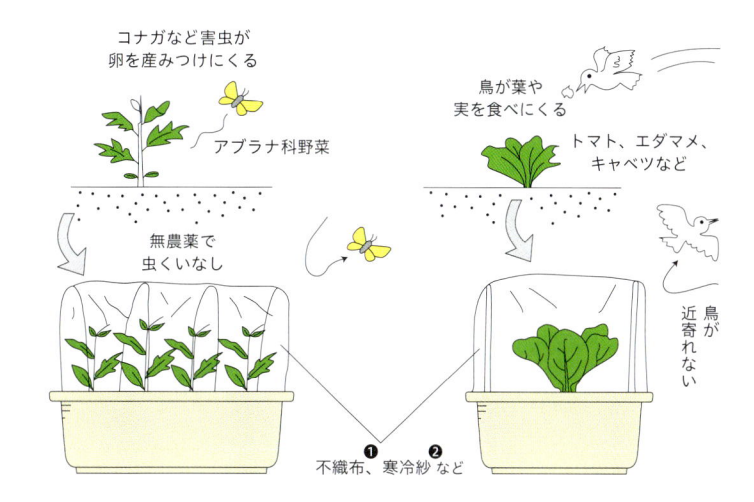

コナガなど害虫が卵を産みつけにくる
アブラナ科野菜
無農薬で虫くいなし

鳥が葉や実を食べにくる
トマト、エダマメ、キャベツなど
鳥が近寄れない

❶不織布、寒冷紗 など

（資料：上岡誉富「かんたん！プランター菜園コツのコツ」農文協）

❶不織布　ナイロンなどの繊維を接着剤で固めたもの。
❷寒冷紗　織り目の粗い薄い布のこと。防虫、防霜、遮光、遮熱、防鳥、防風などの目的で使われる。

4 ― 栽培分野(1)

⑨ プランター栽培の基本（その２）

古土は再生利用できる　〜野菜の残渣も活かして改良

古い土も適切に改良すれば何度でも使えます。作物の残渣❶も土の改良に役立つ有機物です。

古土の再利用

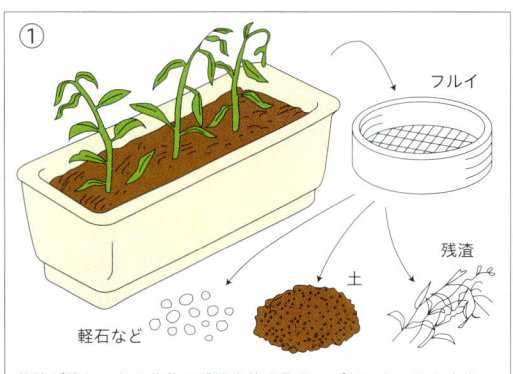

①
フルイ／軽石など／土／残渣

栽培が終わったら作物の残渣を抜き取り、プランターから土を出し、1〜2日乾燥させ、目の粗いフルイで鉢底石と残渣と土に分ける。

②
堆肥か腐葉土20％／フルイ／苦土石灰／細かすぎる土は除く

土は目の細かいフルイにもう一度かけ、野菜づくりに適さない細かすぎる土を取り除く。土の20％の量の堆肥（バーク堆肥、腐葉土、自家製堆肥など）と苦土石灰を適量（下記）入れて混ぜる。
【苦土石灰混合量】A：標準プランター：20g
　　　　　　　　B：深型標準プランター：40g

③
化成肥料を残渣1L当たり2〜5gまぜる／きざんだ残渣

作物の残渣は細かくきざみ、1カ所に積んで乾かす。1L当たり2〜5g程度の化成肥料を混ぜ、微生物の分解活動を促進させる（分解に使われるので次作の肥料分にはならない）。

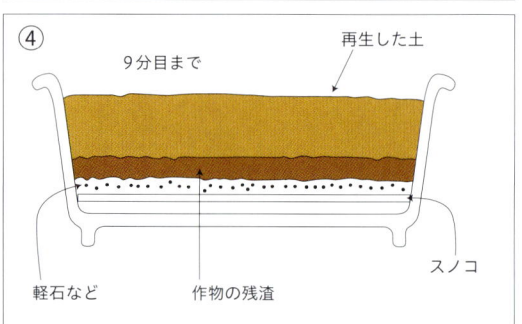

④
9分目まで／再生した土／軽石など／作物の残渣／スノコ

プランターに鉢底石を入れ、③の残渣を1〜2cm厚さに入れ、9分目まで②の再生土を入れて完成（作物の残渣は次作が育っている間に分解してしまう）。

果菜類の生育活性化へ「穴あけ法」

長期栽培する果菜類は、生育後半になるとプランターに根が張りつめ、土の保水性、排水性や通気性が悪くなり、生育が衰えてしまいます。

そこで右図のように、「穴あけ」をして、根に酸素を供給し、水の通りを良くして肥料を効かせ、適度に根を切ることで新根の再生をうながします。株はふたたび元気になります。20日ほどの間隔で数回穴あけを行ないます。（資料：上岡誉富「かんたん！プランター菜園コツのコツ」農文協）

穴あけ法の実際

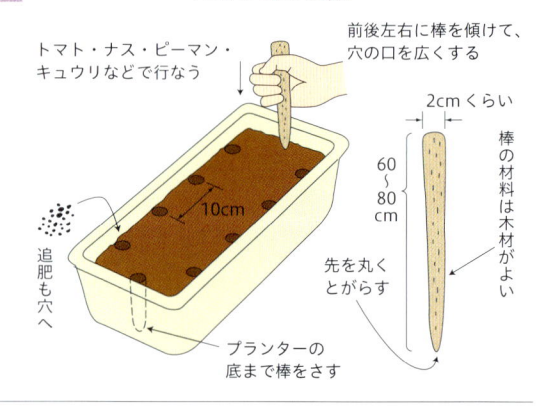

トマト・ナス・ピーマン・キュウリなどで行なう／前後左右に棒を傾けて、穴の口を広くする／2cmくらい／60〜80cm／10cm／追肥も穴へ／先を丸くとがらす／プランターの底まで棒をさす／棒の材料は木材がよい

---

❶収穫後の作物の葉やツル、根など不用になったもの。

栽培分野（2）

プランター栽培の例

[穀類]※
イネ（バケツイネ）

[葉菜類]※
シソ

[いも類]※
ジャガイモ

[葉茎菜類]
コマツナ
レタス

[根菜類]
カブ

[豆類（未成熟）]※
エダマメ

[果実的野菜]
イチゴ

次ページからの栽培の基本について

- 「栽培カレンダー」は関東地方の温暖地で、最も栽培しやすい時期としました。
- 「培養土」は市販の培養土（肥料入り）をさします。
- 肥料は窒素、リン酸、カリウムの成分をそれぞれ8％含む化成肥料を基準にしています。液肥は市販のものを定められた倍率にうすめて使用してください。
- 緩効性肥料としては、緩効性窒素入りの大粒肥料（IB化成肥料）などがあります。窒素、リン酸、カリの成分をそれぞれ10％含むp.41のIB化成肥料であれば、記載の0.8倍量を施すようにしてください。
- 基肥は、下記の量が目安となります。p.41に記載の条溝施肥を参考に施すようにしてください。肥料入りの市販の培養土を使う場合は、基肥は不要です。

  - ●15L容量の標準コンテナ：30g　　●30L容量の深型コンテナ：50g

  ※深型で土量が多い容器の場合は肥料の保ちがよいので、やや少なめに施します。

分類の表記について

分類の名称は、農林水産省の「作物統計調査における調査対象品目の指定野菜及び準ずる野菜」による分類。ただし、※は農林水産省の「作物分類」による分類

イネ

作物の基本情報

穀類・イネ科
原産地 ｜ 中国南部長江流域
主な生産地 ｜ 新潟県・北海道・秋田県
（2021年産）

栽培カレンダー

1月	2月	3月	4月	5月	6月	7月	8月	9月	10月	11月	12月

◆ 土づくり　△ 芽出し　○ 種まき　□ 移植　□ 分げつ
□ 中干し　▲ 開花　■ 収穫（稲刈り）

図1　塩水選から芽出しまでの流れ

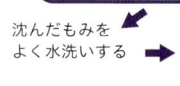

塩水選
比重1.13の塩水
① 生卵が横に浮き、10円玉大ほどが水面に出ている状態
浮いたもみを網やしゃくしですくい取り除く

沈んだもみをよく水洗いする

種子消毒
温湯消毒（60℃）、10分間
日陰で乾かす

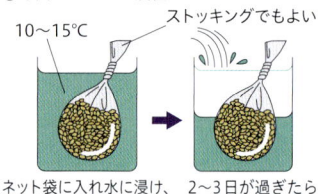

② 芽出しのための浸種
10〜15℃
ストッキングでもよい
ネット袋に入れ水に浸け、2〜3日は水を替えない
2〜3日が過ぎたら1日おきに水を取り替える

7〜8日後
発芽をそろえるには、30℃前後の温湯に一晩浸けるとよい（催芽）

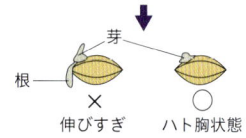

芽　根
× 伸びすぎ　○ ハト胸状態

図2　種まき

芽出ししたもみ　もみが隠れる程度に覆土　水を張る
網の小さなバット
ビニール　大きなバット

栽培の手順（バケツイネ栽培の例）

種子（種もみ）の選別と消毒

　良好な生育ができる種子を選別する方法の一つが、「塩水選（えんすいせん）」です。図1のような比重❶（濃度）の塩水を用意し、その中にイネの種子となる種もみを入れます。浮いたものは取り除き、沈んだ（比重の大きい）種もみを取り出して、塩分を水で洗い流し、陰干しをして種子とします。

　乾かした種もみは、60℃のお湯に10分間浸けて、種子伝染する「ばか苗病」、「いもち病」、「もみ枯細菌病（かれ）」などの病原菌を消毒します。その後、種もみは冷たい水で冷やします（図1）。

芽出し

　消毒した種もみをネット袋などに入れ、積算水温が100℃以上（→p.45「イネの種もみと発芽」参照）になるよう、水温を計測しながら必要な日数の期間、水に浸漬（しんせき）すると、やがて種もみは芽を出します。これが芽出しで、もみから芽が1mmほど出たハト胸状態（図1）が、最も種まきに適しています。

種まき

　底が網目状に穴の空いたバットに用土（黒土6　赤玉土3　鹿沼土1）を3cm程度入れ、芽出しした種もみが重ならない程度に均一にまきます。その上に種もみが隠れるくらい用土をかぶせます。そのバットが入る大きめのバットを用意し、中に置きます。種まきしたバットの底が水に浸（つ）かるように水を張ります（図2）。

移植の準備・移植（田植え）

　10ℓ以上の深いバケツに、培養土（種まきに使用した用土に化成肥料を小さじ1杯【約5g】加えた土）を縁から5〜8cm下まで入れ、水を入れてかき混ぜて柔らかくしておきます。

　種まきした苗の葉が4〜5枚になり、根がバットの底から出てきたら苗全体をバットから抜き、土をほぐします。ほぐした苗のうち背丈が高く茎の太い苗を3〜4本合わせて、2cm程度水を張っ

---

❶ある物質の質量と、それと同じ体積をもつ標準物質との比。一般的には固体や液体の濃度（質量÷体積）と水の密度の比。

44

■基本的特性

温度	発芽適温 30 ～ 34℃ 生育適温 25 ～ 30℃
光	十分な日光を必要とし、日光不足では徒長するので倒れやすくなる。
水	新鮮で温かな水。（水温 20 ～ 30℃）
土	きめ細やかな肥料もちのよい弱酸性の土壌。土壌pH6.0 ～ 6.5

■豆知識

茶碗1杯には何粒のお米が入っているのだろう？　だいたい、お米65gくらいが茶碗1杯分のご飯なので、米粒にすると3000粒くらい。バケツイネだと、おおよそ3株くらいのイネが必要になります。

たバケツの中心に2～3cmの深さで移植します。

水管理・分げつ・中干し

苗が生長したら、水を5cmほど張ります。移植から10日ほどで分げつ（茎が増える）が始まり、約2ヵ月間分げつが続きます（図3）。一粒の種もみから7～8本程度茎が出てきます。

暑い夏場に水がなくなると、土の温度も急上昇してイネの根が傷むので、夏場は1日1回水をやりましょう。イネの背丈が40～50cmになったらバケツの水を抜き、土に酸素を供給するために「中干し」をします。土の表面にひび割れが出始めたら中干しを終了し、また水を5cm程張ります。

開花・イネ刈り・乾燥

8月下旬に穂を出し開花します。穂が出て約45日後、9割程度が黄金色になったら株元からイネを刈り、小束にして10日ほど雨の当たらない場所で逆さに吊るして乾燥します。

脱穀・もみすり・精米

お皿やお椀を使ってもみを取ります［脱穀］（図4）。もみは、すり鉢と野球の軟式ボールを使い、もみ殻と玄米に分けます［もみすり］（図5）。できた玄米はビンに入れて棒で突くと糠がとれ、白米になります［精米］。

イネの種もみと発芽

種もみの中には、発芽に必要なエネルギーが、デンプンとして蓄えられています。デンプンを貯蔵している乳白色の部分を胚乳とよび、普段白米として食べているのもこの部分です。塩水選（図1）で沈んだタネもみは、デンプンがしっかりと詰まっているため、比重が重く沈みます。デンプンが少ない種もみは塩水中で浮くため、これを取り除きます。また、イネの芽出しには積算水温（1日の平均水温を日数分合計したもの）が100℃を超える必要があるといわれています。10～15℃の水に7～10日間浸けておくと白い芽が出てくるのが確認できます。

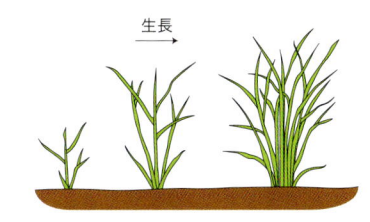

図3　イネの分げつ

図4　お椀を使った脱穀

図5　すり鉢と軟球でのもみすり
（写真提供：農文協）

コマツナ

作物の基本情報

葉茎菜類・アブラナ科
原産地｜南ヨーロッパ・中国・日本
主な生産地｜茨城県・埼玉県・福岡県
（2021年産）

栽培カレンダー

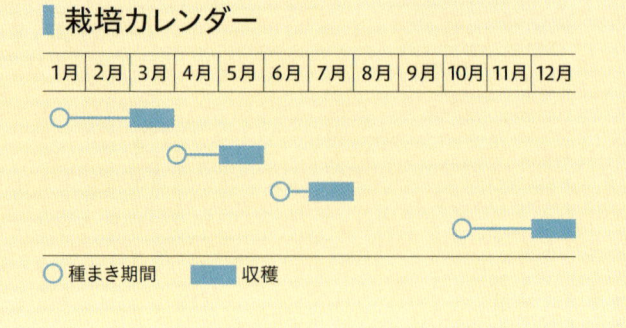

| 1月 | 2月 | 3月 | 4月 | 5月 | 6月 | 7月 | 8月 | 9月 | 10月 | 11月 | 12月 |

○ 種まき期間　■ 収穫

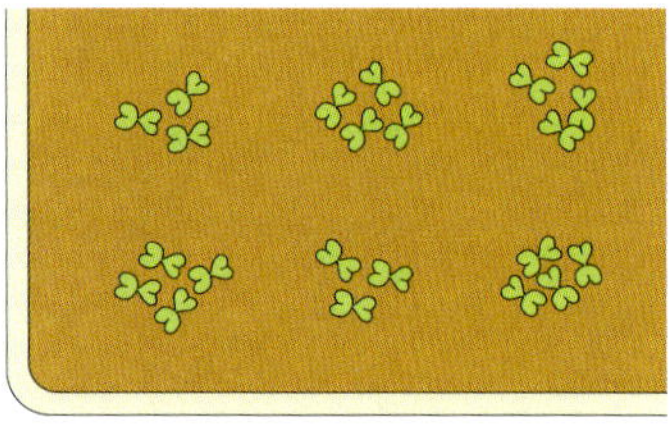

〈点まき〉

〈すじまき〉

図1　コマツナの種まき

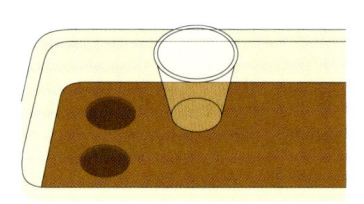

〈点まき〉

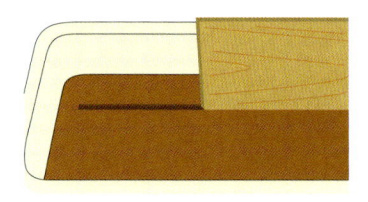

〈すじまき〉

図2　種まき方法のコツ
点まきはコップの底を使ってくぼみをつくります。すじまきは板を使って溝をつくると作業しやすくなります

栽培の手順

種の選び方

　年間を通じて栽培できますが、高温期は病害虫が出やすくなります。品種はたくさんあるので、タネ袋に記載された品種の特徴や、栽培する地域の気候を考えて種まき時期などを確認します。短期間で収穫する野菜は根が深く張らないので、容器は標準プランター（→p.40参照）で十分です。

種まき

　間引き作業を楽にするために、点まき、またはすじまきにします（図1）。点まきの場合は、コップの底を培養土に押しつけてくぼませ、そこに4～5粒まきます。すじまきの場合は、プランターに板などで溝をつくって、そこに種をまきます（図2）。

害虫の防除と霜よけ

　本葉が3枚程度までの生育初期に、害虫の被害を防ぐことが大切です。虫がいたら取り除き、モンシロチョウの幼虫（アオムシ）やコナガを防ぐために、防虫ネットや不織布を張って防除します（図3）。ネットを洗濯バサミなどで留め、裾をひもで結び、虫の入り口となるすき間をつくらないことがポイントです。
　12月～1月は保温のために不織布や寒冷紗（→p.41参照）、さらに保温性があるビニールなどでおおうトンネル栽培にします。ビニールトンネルは換気のため、裾を2～3cm上げておきます。

洗濯バサミ

虫が入らないよう、裾をひもでしっかり固定する

図3　防虫ネットを張った栽培 （資料：上岡誉富「プランター菜園コツのコツ」農文協）

基本的特性

温度	発芽適温20～25℃／生育適温15～25℃ 低温にも高温にも耐えるので一年中栽培できる。
光	ある程度日が当たれば栽培できる。
水	水分を好み十分な水が無いと成長が衰える。
土	土壌pH6.0～6.5。酸性土壌にも比較的強く、連作障害も出にくいので栽培しやすい。

豆知識

　コマツナの名前の由来は江戸時代までさかのぼります。あるとき、鷹狩りに来た将軍に、昼食時に東・西小松川村あたりでとれた冬菜をすまし汁にして出したところ、将軍が気に入り名前を尋ねました。名前が特についていないと村人が答えると、将軍はこの村の名前をつけるように言ったので、コマツナになったと伝えられています。

間引き・水やり・追肥

　コマツナは発芽やその後の生育も早いので、間引きは時期を逃さないことがポイントになります。

[1回目の間引き] 本葉が1～2枚のときに、苗の間隔が3～4cmになるようにします。同時に追肥と土寄せをします。

[2回目の間引き] 本葉が3～4枚になったら、苗の間隔を5～6cmにします。同時に追肥と土寄せをします。

　間引きをするときは、根を引き抜くと隣の苗の根を傷めることがあるので、ハサミで根元を切り取ります（図4）。

　1回目の間引きまでは土を乾かさず、種子が流されないように水圧を弱めにして水やりを行ないます。それ以降は土の表面を乾かさないように、1日1回を目安に行ないます。夏場は夕方に土が乾いていたら2回目の灌水をします。水分を切らさず、一気に育てるのがコツです。追肥（→p41参照）の肥料は、株に直接ふれないように施します。すじまきした場合は、条間かプランターの縁に施します。

図4　間引き作業（2回目）

収穫

　夏まきで30日前後、秋まきで60日ほどで収穫できます（図5）。本葉が7～8枚で草丈が15～25cmになったらハサミで根元を切って収穫します。また、間引いた苗もつまみ菜として、おひたしやみそ汁の具にして食べることができます。

図5　収穫時期のコマツナ
（写真提供：タキイ種苗株式会社）

都市近郊野菜の代表「コマツナ」

　葉物野菜は保存期間が短く、鮮度が大切な野菜なので、産地は大消費地（都市）近郊に集中します。収穫後に温度が高いままだと日持ちが悪くなるので、品質保持のために出荷前に冷却して（予冷）、低温のまま流通します。コマツナはその代表的な野菜のひとつで、江戸時代から雑煮などの伝統的な料理に欠かせない野菜として食べられてきました。2012年の生産量上位は埼玉県・東京都・神奈川県でしたが、その後茨城県と福岡県での生産量が大きく増加して、生産量上位は茨城県・埼玉県・福岡県に入れ替わりました。2017年は11万2100tだった総生産量も増加し、2021年は11万9300tとなっています。

レタス

作物の基本情報

葉茎菜類・キク科
原産地｜地中海地方
主な生産地｜長野県・茨城県・群馬県
（2021年産）

栽培カレンダー

1月	2月	3月	4月	5月	6月	7月	8月	9月	10月	11月	12月

春まき
夏まき

○ 種まき期間　■ 収穫

図1　葉レタス（上）とサラダ菜（下）

図2　とう立ちしたレタス

図3　レタスのミックス栽培
複数の種類のレタスをひとつのプランターで栽培することもできます。園芸店などでミックスされた状態の種子が販売されています
（写真提供：日本農業検定事務局）

栽培の手順

プランターで育てやすい種類

　レタスには、いろいろな種類がありますが、プランター栽培では、結球するレタスよりも葉（リーフ）レタスやサラダ菜の方が栽培しやすいでしょう（図1）。

花芽分化ととう立ち

　植物が成長して、花になる芽をつくることを花芽分化といいます。レタスは高温（20℃以上）に反応して花芽分化します。さらに高温が続くと花芽が発達して花茎が伸び、花が咲きます。これを「とう立ち」といいます（図2）。とう立ちすると品質が悪くなるので、夏の気温が高い地域では、夏の栽培は避けましょう。

種まき

　プランターは15L容量の標準サイズ（→p.40参照）のものを使用します。土は標準的なものや古土を再利用したもの（→p.42参照）で十分です。
　種子は発芽しやすいように、一昼夜水に浸けておくか、冷蔵庫に2日ほど入れて低温にあわせます。種子が細かく作業しにくい場合には、ペレット種子（デンプンや粘土でおおい、粒状にした種子）を使うとよいでしょう。

基本的特性

温度	発芽適温15〜20℃／生育適温18〜23℃ 冷涼な気候を好むが、10℃以下では生育が悪くなる。
光	結球レタスでは結球時に光が不足すると結球が緩くなる。好光性種子。
水	水分が不足すると葉の生育が悪く、結球が抑えられる。
土	有機質に富む土を好む。弱酸性〜中性が適している。土壌pH6.0〜6.5

豆知識

レタスの和名はチシャ。これは乳草（チチクサ）の略とされる。そもそも、レタスの名前は「レタスの茎を切ると乳白色の液がにじみ出るが、英名は学名であるラテン語lactucaから出た語で、その語根のlacは乳を意味する」（『最新農業技術事典』、農文協）そうで、名前の由来に双方とも乳がイメージされている。

栽培は直まきで行ないます。株間を13cmとり、種子を4〜6粒ずつ点まきにします。発芽に光が必要（好光性種子）なので、土は薄くかぶせます。発芽までは乾燥しないように不織布をかぶせておき、ときどき中を見て、土が乾燥していたら水やりします。

間引き

本葉4〜5枚までに、各所1本に間引きをします。十分に水やりして、暑い時期には寒冷紗（→p.41参照）をかけておくとよいでしょう。

追肥・水やり

水は毎日定期的に、肥料は状態を見て与えます。葉の色が薄いときは定められた倍率にうすめた液肥を5日おきにかけます。土が乾燥すると品質が低下するので、夏場は1日2回水やりします。反対に、秋の多湿は病気の原因となるので、水やりのタイミングを考え、量はやや控えめにします。

収穫

本葉が10枚くらいに成長し、株が大きく広がってきたら収穫できます。葉レタスやサラダ菜は、外側の葉から1枚ずつかき取っていくと、長く収穫することができます（図4）。再生力を維持するために、中心から7枚前後の葉は常に残しておきます。

図4 葉レタスの収穫作業
葉レタスは1株をまるごと収穫するのではなく、1枚ずつかき取って収穫していくと長く収穫できる

レタスの結球とその特徴

いろいろな品種があるレタスの中で、日本で一般的に食べられているのが結球レタスです。パリパリした食感も特徴のひとつですが、固く結球しているため、ほかのタイプと比べて輸送しやすいのが大きなメリットとなっています。結球レタスは、生育が進むにつれて外側の葉（外葉）が発達していきます。種まき後40〜50日になると、中心部に外葉とは違った丸くて幅の広い結球葉が出始めて結球を始めます。結球に使われる養分は外葉の光合成によって供給されるので、外葉の発育が悪いと球が大きく育ちません。

シソ

作物の基本情報

葉菜類・シソ科
原産地｜中国
主な生産地｜愛知県・静岡県・宮崎県
（2021年産）

栽培カレンダー

1月	2月	3月	4月	5月	6月	7月	8月	9月	10月	11月	12月

○ 種まき期間　□ 定植　■ 葉の収穫　▲ 花

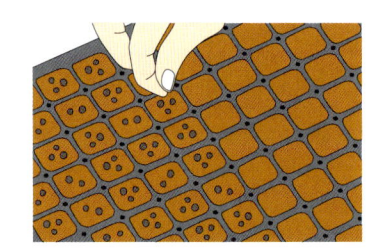

図1　セルトレイに種まき

図2　根鉢の形成
（写真は根鉢の例）
（写真提供：農研機構野菜花き研究部門）

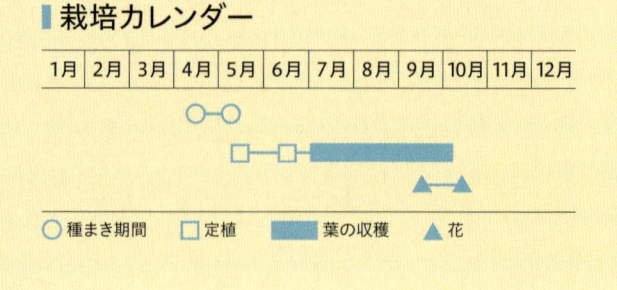

栽培の手順

栽培容器と置き場所

　直まきでも移植でも栽培することができます。プランターで栽培する場合は15L容量の標準サイズ（→p.40参照）で十分です。移植の場合は、育苗に小さなポット（セル）が数多く連なったセルトレイを使うと便利です。

　日当たりがよすぎると葉が硬く、苦味やえぐ味がでるので、やわらかな葉を育てるには、やや日陰になる場所を選びます。トマトなど背の高い作物の横で育てるのも、半日陰となり効果的です。

種まき

　種まきの2日前に種子を水に浸けておくと発芽しやすくなります。十分地温が上がってから種まきをすれば、7～10日で発芽します。

　直まきの場合は、培養土を入れたプランターに板などで溝をつくって、そこにすじまきします。標準サイズのプランターであれば1条まきにして、種子が動かないように、軽く土をかぶせます。発芽には光が必要なので、かぶせる土はごく薄くします。水やりは手のひらでしっかり土を押さえてから弱めの水で行ないます。

　セルトレイを使って移植する場合、培養土を詰めたセル1カ所に2～3粒播種します（図1）。直まきと同様に軽く土をかぶせ、手のひらでしっかり土を押さえてから水やりします。

　セルトレイのポットは小さいので、根鉢（図2、しっかりと根が張ることで土と根が固まりとなった状態）の形成が早まり、簡単に抜き取ることができます。

間引き・定植

　発芽から約2週間が過ぎ、本葉が2枚開いたら生育の良い苗を残して間引きをします。

　直まきの場合は、株間が4～5cmくらいになるようにします。その後も葉が重なりあったところから間引いていきます。最終株間の目安は20cmです。

基本的特性

温度	発芽適温20～25℃ 生育適温20～25℃
光	半日陰から日陰を好む陰生植物。種子は好光性種子。
水	水分がなくなると葉がかたくなる。
土	湿り気のある土を好む。 土壌pH6.0～6.5

豆知識

シソには、葉が緑色の「青ジソ」と赤紫色の「赤ジソ」があります。青ジソの葉は「大葉」とも呼ばれており、周年で流通しています。香りの強さが特徴で、薬味として利用されます。赤ジソはアクがあるので生食には使わず、梅干しや漬け物の色づけやジュースなどの加工品に利用されています。

移植の場合は、セル1カ所につきハサミで切って1株とし、本葉が4枚になったらプランターに株間20cmで定植します。

摘しん

直まきと移植のどちらの場合も草丈が15～20cmの頃、先端の芽を摘しん（図3）するとわき芽（側芽）が増え、葉の数が多くなります。

追肥・水やり

摘しんと同じ頃に、プランターの縁に沿って追肥を施します。その後、成長状態を見ながら定められた倍率にうすめた液肥を4～5日に1回施します。一度乾燥させると株が弱ってしまうので、水やりは毎日1回、夏場なら1日2回は行なうようにします。

図3　摘しんのやり方
上：摘しんする先端の芽。親指と人差し指で摘む
下：摘しんした部分

収穫

シソはいろいろな部分が食用として使われています（図4）。各部位の収穫適期は次の通りです。

大葉（青ジソの葉）：草丈が30cm以上になったら、やわらかい葉を葉柄（葉の棒状の部分）のまま摘み取ります。

花穂ジソ：花軸のつぼみが30～50%開花したところで収穫します。刺身のつまや天ぷらに使われます。

穂ジソ：実が熟す前、先の方の花がまだ少し咲き残っている頃に収穫し、醤油漬けや和え物に使われます。

〈大葉〉　〈花穂ジソ〉　〈穂ジソ〉
図4　シソの食用部位
（PIXTA）

シソの仲間「バジル」と「エゴマ」

シソ科にはバジル、ミント、ローズマリーなど料理の香りづけとして使われるハーブが多く含まれています。シソもその香り高さと用途から「和製ハーブ」ともいうべき野菜です。近年では自家用・直売用などに洋種ハーブを栽培する人も増えてきました。代表的なハーブであるバジルも生葉、乾燥葉、花穂とさまざまな部位を食用として使っており、シソと共通する部分の多い野菜です。また近年、実から抽出した食用油が健康に良い油として出回っているエゴマは、ゴマの仲間ではなくシソ科の野菜です。大葉によく似た葉が天ぷらや刺身のつまに用いられるほか、焼き肉を巻いて食べたりします。エゴマの実はゴマのように活用することもできます。

カブ

作物の基本情報

根菜類・アブラナ科
原産地｜中央アジア・アフガニスタン
主な生産地｜千葉県・埼玉県・青森県
（2021年産）

栽培カレンダー

| 1月 | 2月 | 3月 | 4月 | 5月 | 6月 | 7月 | 8月 | 9月 | 10月 | 11月 | 12月 |

春まき ○──○━━━
　　　　　　　　　　　　　　○──○━━━

○ 種まき期間　　■ 収穫

栽培の手順

プランターで育てやすい種類

　カブは、食用部位（肥大部）の大きさによって大カブ（直径12cm以上）、中カブ（直径8〜10cm）、小カブ（直径5〜6cm）に分類されています。食用部が肥大すると、図2のように土の上に出てくるので、15L容量の標準サイズのプランター（→p.40参照）で十分栽培できます。大カブ品種の栽培もできますが、プランター栽培では直径が10cmになったら収穫するようにしましょう。

種まき

　種子は、培養土を入れたプランターに板などで溝をつくって、そこに1〜2cmの間隔で種をすじまきします。標準サイズのプランターであれば2条まきにします（図1）。覆土は1cm程度にし、種まき後しっかりと土をおさえ、十分な水やりを行ないます。また、害虫の被害を防ぐために不織布や防虫ネットをかけておくとよいでしょう（→p.46コマツナ参照）。

間引き

　1回目の間引きは子葉が出てきたときに、きれいなハート型の子葉を残すようにしながら、株間2.5cm程度を目安に間引きします（図1）。1回目の間引き後は、そのままカブを肥大させます。株間がつまり、カブとカブがくっつく直前で、2回目の間引きをかねて小さなサイズのカブを収穫します（図2）。株間を5〜7cmに広げるように、間のカブを収穫していきます。

図1　すじまき後の1回目の間引き
（左：間引き前、右：間引き後）

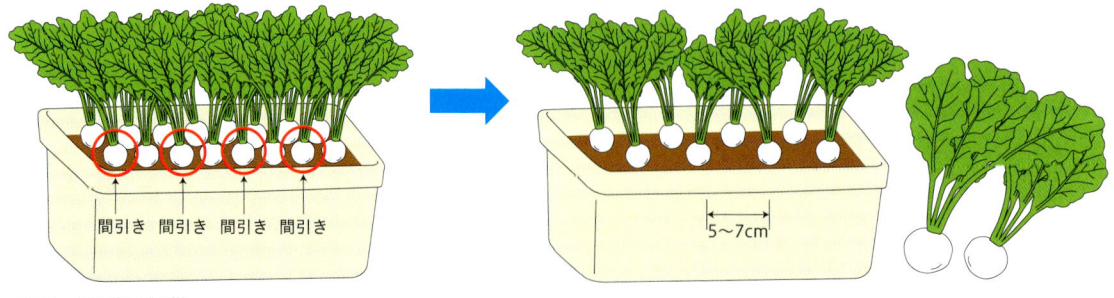

図2　間引き収穫

基本的特性

温度	発芽適温20～25℃ 生育適温15～20℃
光	日照を好み、日照が多いと葉とカブが充実する。半日陰でも栽培できる。
水	乾燥には弱い。
土	土壌を選ばない。砂が多めの土ではカブの肌がきれいにできる。pH5.5～6.5

豆知識

カブはアジア系品種とヨーロッパ系品種に大別されていて、岐阜県関ケ原を境に、アジア系品種はおもに西日本、ヨーロッパ系品種はおもに東日本で栽培されています。現在、市場流通の中心はヨーロッパ系の小カブで、東京都金町付近で古くから作られていた「金町小かぶ」を改良したものです。

追肥

追肥は、プランターの縁に沿って施します。基肥を主として、その後も肥切れをさけるため、1回目の追肥は本葉3枚の頃に与え、その後20日おきに追肥します。小カブ・中カブで2～3回、大カブで4回が目安です。葉の色が薄いときは、定められた倍率にうすめた液肥❶を5日に1回施すようにします。

水やり

土の水分が急激に変化すると、カブの裂根が起きやすくなります（図3）。特に低温期から暖かくなりかけた時期は注意が必要です。肥大している部分の表皮を乾燥させないように水やりを行ないます。

収穫

小カブの場合、肥大部の直径が5～6cmになり、土から肥大部が少しもち上がってきたら収穫の適期です。収穫するときには、株元の葉をもって引き抜くように行ないます。

中カブの収穫は、2回目の間引き以降、カブとカブのすき間がなくなったら適期です。プランター栽培では直径10cm程度でも裂根してしまうので、大カブも10cmまで成長したら収穫するようにします。

図3　カブの裂根

図4　小カブ（白カブと赤カブ）

各地で栽培されているカブ

カブは大きさの他に色による分類もあり、白カブ、赤カブなどがあります（図4）。赤カブはその名の通り表面が紅色をしたカブで、アントシアニンという色素が含まれています。内部は白い品種が多いのですが、内部まで薄い赤色をしたカブには、北海道の「大野紅かぶ」、山形県の山間地帯で栽培されている「温海かぶ」、滋賀県の「万木かぶ」などがあります。色による育て方の違いはなく、白カブと同様の栽培を行なうとよいでしょう。

内部が白い赤カブを皮ごと浅漬けや甘酢漬けにすると、皮が赤く、内部はピンクないし白色のきれいな色合いに仕上がります。

---

❶液体状の肥料。速効性のあるものが多く、追肥に向いている。

ジャガイモ

作物の基本情報

いも類・ナス科
原産地 | 南米アンデス中南部
主な生産地 | 北海道、鹿児島県、長崎県
（2021年産）

栽培カレンダー

	1月	2月	3月	4月	5月	6月	7月	8月	9月	10月	11月	12月
春作			□				■					
秋作								□			■	

□ 定植　■ 収穫

表1　春作・秋作に適したジャガイモの品種と特徴

	品種	特長	煮崩れ度	肉質	休眠期間
春作	だんしゃく	ホクホク	中	粉質	長
春作	キタアカリ	ホクホク	多	粉質	中
春作	メークイン	ねっとり	少	粘質	中
秋作	デジマ	食味が良い	少	中間	短
秋作	アンデスレッド	甘みがある	多	粉質	短
秋作	ニシユタカ	ねっとり	少	粘質	短

図1　種イモの芽出し（浴光育芽）

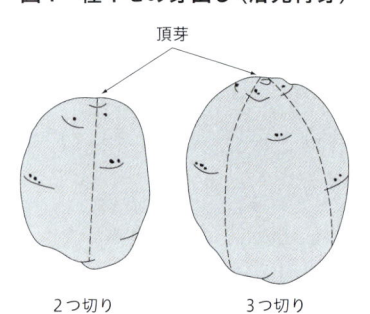

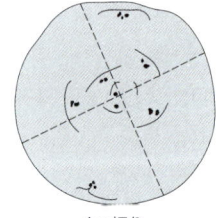

2つ切り（80〜110g）
3つ切り（120〜150g）
4つ切り（160gを超えるもの）
頂芽

図2　大きな種イモの調整
（資料：農文協「作物」）

栽培の手順

品種の選択

ジャガイモは、春に植え付ける春作と、秋に植え付ける秋作の年2回栽培できます。育て方にそれほど違いはありませんが、秋作では気温が下がるため生育しにくくなります。そのため秋作には、植えてから芽が早く芽がでる休眠期間❶の短い品種が適しています。また品種により肉質や味などの特徴に違いがあるので、使用する用途を考えて品種を選ぶとよいでしょう（表1）。

種イモの準備

ホームセンターや園芸専門店などで、ウイルス病をもっていない、品質が保証されている種イモを購入します。種イモは、植え付ける2〜3週間前から日なたに並べ、太陽に光を当てて芽を伸ばします（浴光育芽）（図1）。

培養土の準備

ジャガイモの原産地は雨の少ない地域なので、培養土を自作する場合は、水はけがよいものにします。赤玉土7に腐葉土3くらいの割合で混ぜ合わせ、元肥は化成肥料（8-8-8）を用土1Lに対して3g程度、pHは5.0〜6.5に調整します。

プランターでのジャガイモ栽培は、容量30Lの深型プランターを用意し、養土には肥料が混合されているジャガイモ専用の培養土が販売されていますので、利用すると便利です。

植え付け

1個40〜70gの種イモならそのまま植えますが、80〜120gなら芽が残るように2つに切り（図2）、それ以上の大きさの場合は、それぞれ40〜50gになるよう3〜4分割してます。切ったイモは腐敗を防ぐために、切り口を乾かします。

培養土を詰めたプランターに、株の間隔を25〜30cm、深さ5〜10cmほどの植穴を掘り、そこに切り口を下にしてイモを入れ、覆土（土をかぶせること）をして手で軽くおさえます。植え付け

---

❶ジャガイモの収穫後に、新しく芽がでるまでに必要な期間。

基本的特性

温度	萌芽適温10～20℃／生育適温15～23℃ ※ほう芽：種イモなどから芽が出てきた状態。
光	十分な日光が必要。
水	水はけを求める。
土	弱酸性を好み、アルカリ性ではそうか病が出やすい。連作障害が出やすい。 土壌pH5.0～6.5

豆知識

　ジャガイモ原産地であるアンデスの民は、ジャガイモのアク抜きをして粉にしたり、乾燥したものを水で戻して食用としました。今でこそフライドポテトは世界中で食べられていますが、16世紀末にスペイン人がインカ遠征の際にヨーロッパにジャガイモを持ち帰った当初は、食料ではなく、観賞用の草花としてフランス宮殿で栽培されていました。

した後たっぷりと水をやり、その後、芽が出てくるまで水やりはしません。
　植え付けたら、早ければ10日、遅くとも1カ月以内には芽を出します。芽が出たらしっかりと地上部に出してやります。

芽かき

　地上部が8～10cm伸びた頃に、何本か出てきた茎の中から生育の良い茎を1～2本残して、残りの茎はかきとります（芽かき）。こうすることでイモにしっかりと栄養を行き渡せることができるので、大きなイモが収穫できます。芽かきするとき、種イモや残す茎を抜いてしまわないよう、片手で残す茎の株元を押さえ、もう一方の手でかきとる芽をにぎり、横に引き抜くようにするとよいでしょう（図3）。

追肥・土寄せ

　草丈が10～15cmになったころに最初の追肥をして、株元に3～4cm土寄せします。2回目は花芽が見えたころに同様に行ないます。茎葉の生育が強いときや葉色が濃い時は、土寄せだけしっかりやります。

収穫

　地上部の草（茎葉）が枯れ、黄ばみ始めてきたら収穫適期です。イモが肥大していることを確認して、株ごと掘り上げて収穫します。

図3　芽かきの方法

ジャガイモの毒

　土寄せが不十分でイモが太陽にあたると、ジャガイモの芽や表面が緑化し、その部分にはソラニンやチャコニンと呼ばれる神経に作用する毒素が増えます。これらを多く含むジャガイモを食べると、吐き気や下痢、おう吐、腹痛、頭痛、めまいなどの食中毒症状が出ることがあります。有害となるソラニンやチャコニンを増やさないよう、しっかりと土寄せをして緑化させないようにしましょう。

緑化したジャガイモ

エダマメ

作物の基本情報

豆類・マメ科
原産地｜中国東北部
主な生産地｜群馬県・北海道・千葉県
　　　　　（2021年産）

栽培カレンダー

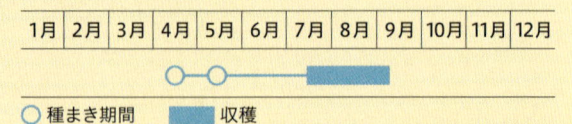

| 1月 | 2月 | 3月 | 4月 | 5月 | 6月 | 7月 | 8月 | 9月 | 10月 | 11月 | 12月 |

○ 種まき期間　　■ 収穫

図1　間引き作業

1回目
　本葉
　初生葉
　増し土　子葉

2回目
　本葉
　初生葉
　子葉
　増し土

図2　エダマメの増し土作業

栽培の手順

種まき

　エダマメは、ポットで育てた苗を移植する方法、またはプランターに直まきする方法のどちらでも栽培することができます。
　ポット育苗の場合、直径9cmのポットに3粒の種をまきます。直まきの場合は、プランターに15cm間隔で、1カ所に3粒を点まきにします。深さの目安は、どちらの場合も種子の1.5倍です。

間引き・ポットの定植

　ポット苗の場合、初生葉（子葉の次に出る葉）❶が開き始めたら2本に間引きし、ポット底の穴から根がではじめたらプランターに定植します。直まきの場合には、初生葉の次からでる本葉が開き始めたら、プランターに点まきした株を1カ所2本に間引きします。（図1）
　どちらの方法も生育初期は鳥の害を受けやすいので、防鳥網や不織布をかけておくとよいでしょう（→p.46コマツナ参照）。

水やり

　エダマメは乾燥を嫌い、乾燥させると根の活動が止まって下葉が黄変して落ちてしまいます。逆に、水が多いと根腐れを起こすので、プランターで栽培する時は水やりに注意して育てます。

増し土

　背が高くなり、本葉が増えてくると風で倒れやすくなるので、株元に土を足して倒れるのを防ぎます（増し土）（図2）。1回目は本葉が3〜4枚ほどになったら、子葉の下まで増し土をします。2回目は本葉が6〜8枚の頃、子葉部が隠れるまで増し土をします。増し土をすることによって、エダマメは土のかかった株元の茎から根を出します。この根が養分や水分を吸収するので、エダマメの成長が旺盛になります。

---

❶エダマメの子葉の次に伸びる葉は、1枚の葉（単葉）が対をなし、その次から交互に葉が伸びる本葉の形（1枚の葉が3枚の小葉でできている）と違うため、初性葉と呼ばれる。

基本的特性

温度	発芽適温25〜30℃／生育適温20〜25℃ 耐暑性は強いが低温には弱い。
光	日当たりを好む。
水	開花期は水分を多く求めるが、過湿には弱い。
土	有機質に富み、保水力のある土壌を好む。 土壌pH6.0〜6.5

豆知識

エダマメは未成熟な状態で収穫した大豆を食用とする野菜です。一般的に流通している白毛系と呼ばれるグループのほかに、東北地方を中心に栽培されている「茶豆」などがあります。茶豆は香りがよく甘味が強いのが特徴で、山形県鶴岡地方の特産「だだちゃ豆」などが代表品種です。

追肥・水やり（開花・結実期）

花が咲く頃から実が肥大する頃に肥料切れや水分不足が起こると、実の肥大が進まなくなります。カリ分の多い液肥を週2〜3回を目安に施すようにします。根には空気中の窒素を取り入れて固定する根粒菌が付着し、大豆に窒素を供給してくれるので、肥料を施すときは、窒素が過剰にならないように控えめにします（下記「根粒菌との共生」参照）。

摘しん

主茎が伸びないように、先端の芽を切り取ることを摘しんといいます（図3）。摘しんすると、倒伏防止になるとともに、わき芽（茎と葉の間にある芽）が伸びて側枝となり、枝数が増えて収穫量が増加します。本葉が5〜6枚展開したら摘しんします。

図3　摘しん作業

病害対策

葉に黄白色の病斑（べと病）や、葉が奇形になるウイルス病が出たときには、ほかの株に伝染するので抜き取ります。

収穫

花が咲き、さやにふくらみが出てきたら、手で触って全体のそろいを見て収穫を行ないます。収穫後時間とともに味が急速に落ちるので、収穫したらすぐ食べます。

図4　収穫期のエダマメ
（写真提供：日本農業検定事務局）

根粒菌との共生

エダマメの根を掘り上げると、根には小さなこぶがたくさんついています。このこぶは根粒とよばれ、土の中にいる根粒菌が根毛から入り、エダマメの根にこぶをつくって住み着いたものです。根粒菌は空気中の窒素を取り入れて、エダマメに供給しています。その代わりにエダマメは、光合成でつくった炭水化物を根粒菌に供給しています。このように、異なる種の生物が互いに関係をもちながら、同じ場所に生活することを共生といいます。

エダマメの根についた根粒菌
（PIXTA）

イチゴ

作物の基本情報

果実的野菜・バラ科
原産地｜南北アメリカ
主な生産地｜栃木県・福岡県・熊本県
（2021年産）

栽培カレンダー

| 1月 | 2月 | 3月 | 4月 | 5月 | 6月 | 7月 | 8月 | 9月 | 10月 | 11月 | 12月 |

翌年

□ 定植　■ 収穫　△ 子株取り

※四季成りイチゴは、花芽分化に低温・短日を必要としないので春から秋にかけて実がなります。

図1　ランナーのついたイチゴの苗

図2　プランターに定植し花に実をつけたイチゴ

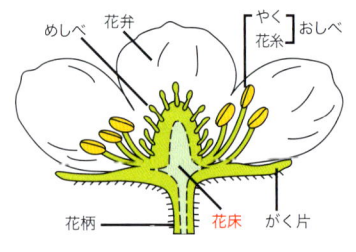

図3　いちごの花の構造

栽培の手順

苗の準備

　イチゴには、一つの季節（春）で収穫する一季成りイチゴと、一年を通して収穫ができる四季成りイチゴの2つのタイプがあります。「とちおとめ」など現在栽培されている多くの品種は一季成りイチゴです。ここでは一季成りイチゴについて説明します。

　イチゴの株にはクラウンとよばれる部分（葉の付け根の短い茎の部分）に成長点があり、そこで芽と花と特殊な茎（ランナー）がつくられます。以前からイチゴを育てている場合は、親株から伸びたランナーで増やした子株を新しい苗として利用します。初めて栽培する場合は秋に売り出される苗を購入します。販売されている苗には、長いランナーがついていますが、このランナーは親株から伸びてきたものです（図1）。子株につく花は、親株から来ているランナーの反対側につきます。子株の花が咲く位置をわかりやすくするため、親株からのランナーを残しているのです。定植する苗は9～10月の低温・短日条件のもとで花芽分化（→p.59［イチゴの花芽と果実］参照）した苗を使用します。

定植

　収穫作業がしやすいように、花が咲く方をプランターの縁に寄せて植えます（図2）。蕾がまだ見えていない場合は、ランナー（親株側）の切れ端が残っている方をプランターの中心に向ければ、ランナーの反対側に花がつきます。定植は休眠に入るまでの間に行ないます。イチゴの成長点は、クラウンにあるので、定植するときにはこの部分を土に埋め込まないように注意します。

追肥・水やり

　追肥は液体肥料または固形肥料を春と秋に定期的に施します。秋から冬にかけては、土の表面が乾いたら水やりします。花が咲き、実がなり始める頃から夏にかけては毎日たっぷりと水やりします。

基本的特性

温度	生育適温18～25℃ 11月以降の低温・短日で休眠し、寒さに適応する。
光	9月以降の低温・短日で花芽分化する。翌春3月以降の高温・長日で開花・結実する。
水	根が浅く乾燥に弱い。
土	有機質に富んだ保水性・排水性のある土を好む。連作障害が起こりやすい。 土壌pH5.5～6.5

豆知識

主要な産地では、「あまおう」（福岡県）など、県外での栽培を許可していないオリジナルの品種があります。一方、栃木県で育成された「とちおとめ」などは知名度を広めるため県外栽培を許可しているので、多くの産地で栽培されています。

害虫防除

葉の裏や蕾にアブラムシ、ハダニ、コナジラミがつきやすいのでよく観察します。数が少ないうちならば手で取り除けますが、一気に増殖した場合、デンプンを主成分にした殺虫剤があるので散布するとよいでしょう。

人工授粉

室内や昆虫が飛ばない気温の低い日の場合、人工授粉をします。人工授粉の方法は、開花したら梵天（綿毛に似た道具）などで花の中心部をなでるようにして花粉をめしべにつけます（図3・4）。

図4　人工受粉

収穫

実の7～8割が赤くなったら収穫適期です。甘い香りと赤い色は他の動物も引き寄せますので、取り遅れないように注意しましょう。

子株（子苗）を取る場合

翌年に向けて苗を増やす場合は、収穫が終わったのち、親株の株元から伸びたランナーを鉢に受けて子株を育てます（図5）。親株から出たランナーの1番目の子株は、親株の病気が移っていることもあるので、2番目、3番目の子株を育てます。1～2週間経って鉢の中でしっかり根付いたら、親株側のランナーを5cm残して切り、反対側のランナーは短く切ってから育てます。

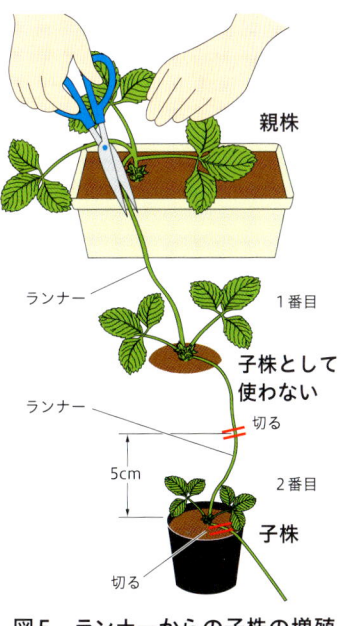

図5　ランナーからの子株の増殖

イチゴの花芽と果実

イチゴのように果実を食べる野菜は、花が咲かなければいけません。そのためには、花芽分化（→p.48参照）を促す必要があります。イチゴの場合は9～10月に、クラウンにある芽が10～17℃ほどの低温と短日（12時間以下の日長）にあうことで花芽に分化します。イチゴの花にはたくさんのめしべがつき、その1つひとつが受粉することで果実表面の種子となります。また、私たちが食べているイチゴの果実は子房が肥大したものではなく、めしべの下にある花床と呼ばれる部分が肥大したものです。受粉ができず種子ができなかった部分は、花床がうまく肥大せずに果実の形が悪くなってしまいます。

監修者

梶谷 正義 元東京都立農業関係高等学校教諭
柴田　一 元東京都立学校農業関係教諭
竹中 真紀子 東京家政学院大学現代生活学部現代家政学科教授

参考文献一覧

農林水産省ウェブサイト「農業労働力に関する統計」/農林水産省「諸外国・地域の食料自給率（カロリーベース）の推移」/農林水産省「平成30年度品目別自給率概算値」/農林水産省「平成30年度食料自給率について」/農林水産省「農林業センサス2015年」/農林水産省「野生鳥獣による農作物被害金額の推移」/全国地球温暖化防止活動推進センターウェブサイト/気象庁「気候変動監視レポート2018」/ヘルスケアコミッティー（株）ウェブサイト/厚生労働省「日本人の食事摂取基準2015年版」/厚生労働省「健康づくりのための運動指針2006」/藤田美明　奥恒行「栄養学総論」朝倉書店/（一社）全国農業改良普及支援協会、（株）クボタウェブサイト「みんなの農業広場」/上岡誉富「かんたん！プランター菜園　コツのコツ」農文協

写真提供者

PIXTA／タキイ種苗株式会社／鈴木敏夫／小倉隆人／iStock.com／フォトライブラリー／新井眞一／MOA自然農法文化事業団／後藤逸男／農文協／農研機構野菜花き研究部門／農文協プロダクション／日本農業検定事務局

改訂新版 日本の農と食を学ぶ 初級編
― 日本農業検定3級対応 ―

日本農業検定 事務局 編

2024年4月1日　発行

編者　日本農業検定 事務局

発行　一般社団法人全国農協観光協会
　　　〒101-0021　東京都千代田区外神田1-16-8　GEEKS AKIHABARA 4階
　　　日本農業検定 事務局
　　　電話　03-5297-0325

発売　一般社団法人農山漁村文化協会
　　　〒335-0022　埼玉県戸田市上戸田2-2-2
　　　電話　048-233-9351（営業）　048-233-9374（編集）
　　　FAX　048-299-2812

制作　㈱農文協プロダクション　ISBN978-4-540-24133-8
印刷・製本　協和オフセット印刷㈱
© 一般社団法人全国農協観光協会　2024　Printed in Japan
定価はカバーに表示　〈検印廃止〉

乱丁、落丁本はお取り替えします。